慧科 HUIKE ｜ 人工智能系列丛书

机器学习基础与实践

杨金坤　马星原　张力宁　张峻　◎编著

清华大学出版社

北 京

内 容 简 介

人工智能是当今关注度较高的话题之一，机器学习是其重要的细分领域。本书立意成为该领域的实操性教材，在内容上通过大量案例拆分引导学生从项目中最大限度地学习机器学习各方面的基础知识。全书共分 10 章，大体上可以分为 4 部分：第 1～2 章为第 1 部分，主要介绍机器学习的基础知识（机器学习概览、特征工程方法）；第 3～8 章为第 2 部分，主要介绍有监督学习场景的经典且常用的机器学习算法及实践方法（决策树、K 最近邻、支持向量机、朴素贝叶斯、线性回归与逻辑回归、集成思想）；第 9 章和第 10 章分别为第 3 部分和第 4 部分，介绍无监督学习场景常用算法（聚类与降维）和神经网络方法。

本书可作为高等院校人工智能、计算机及相关专业的本科生教材，也可供对机器学习感兴趣的研究人员和工程技术人员阅读参考。

图书在版编目（CIP）数据

机器学习基础与实践/杨金坤等编著. —北京：清华大学出版社，2021.1（2024.2重印）
（慧科人工智能系列丛书）
ISBN 978-7-302-57186-5

Ⅰ. ①机… Ⅱ. ①杨… Ⅲ. ①机器学习 Ⅳ. ①TP181

中国版本图书馆 CIP 数据核字（2020）第 260211 号

责任编辑：谢 琛 薛 阳
封面设计：傅瑞学
责任校对：李建庄
责任印制：曹婉颖

出版发行：清华大学出版社
   网 址：https://www.tup.com.cn，https://www.wqxuetang.com
   地 址：北京清华大学学研大厦 A 座   邮 编：100084
   社 总 机：010-83470000   邮 购：010-62786544
   投稿与读者服务：010-62776969，c-service@tup.tsinghua.edu.cn
   质量反馈：010-62772015，zhiliang@tup.tsinghua.edu.cn
   课件下载：https://www.tup.com.cn，010-83470236
印 装 者：小森印刷霸州有限公司
经 销：全国新华书店
开 本：185mm×260mm   印 张：10   字 数：232 千字
版 次：2021 年 3 月第 1 版   印 次：2024 年 2 月第 4 次印刷
定 价：39.00 元

产品编号：086640-01

前　言

这是一本遵循 OBE(产出为导向的教育模式)理念,注重 PBL(项目式教学)方法的机器学习教科书,为了使大部分读者通过本书掌握机器学习的实践方法,作者试图较少地讲述数学知识,而用大量篇幅分析实现机器学习的代码思路及编程技巧。因此,本书比较适合大学三年级以上理工科本科生,以及具有编程基础且对机器学习感兴趣的人士。本书基于 Python 编程,为促进读者学习,本书附录 A 给出了一些关于 Python 编程常见问题介绍。

全书共分 10 章,大体上可以分为 4 部分:第 1~2 章为第 1 部分,主要介绍机器学习的基础知识;第 3~8 章为第 2 部分,主要介绍有监督学习场景的经典且常用的机器学习算法及实践方法;第 9 章和第 10 章分别为第 3 部分和第 4 部分,分别介绍无监督学习场景常用算法和神经网络方法。前 2 章是读者必须要掌握的基础知识,之后的章节相对独立,读者可根据自己的兴趣选择学习。根据课时的分配,本科的课程可讲授前 8 章的知识,后 2 章可作为课外扩展知识让学生自行学习。书中每章都给出了 5 道习题,大部分习题是为了帮助读者巩固该章节的学习,少部分习题属于开放型习题,以供读者启发思考。

本书在内容上尽可能涵盖机器学习技术常见应用场景,但作为机器学习入门教材且因授课时间安排的考虑,书中涉及的案例未能覆盖很多重要且有难度的工业场景,更多的知识和编程方法留待读者在实际应用中探索学习。

作者以为,从项目中学习是一种较好的实践教学方法,本书除了第 1 章外,后续每章都包含 2 个典型应用案例,建议读者在阅读的同时能辅以代码实操,相信不管是老师还是学生,都可以获得丰富的学习收益。

机器学习是一门多领域交叉学科,涉及多门复杂学科知识,鲜有人士能精通其全领域。笔者自认才疏学浅,了解甚少,若能起到抛砖引玉的作用,于心甚慰。由于时间和精力有限,书中难免有错谬之处,望读者不吝告知,将不胜感激。

杨金坤

2021 年 1 月

目　录

第1章 机器学习概览

本章组织：本章一开始介绍了人工智能技术发展的历史，并从人工智能技术发展史视角总结了机器学习的定义；接着讨论了读者在学习机器学习算法前需要了解的一些基础概念；然后总结了机器学习的项目实现流程；最后从应用的角度出发，介绍了机器学习项目在应用中的几个主流场景。

1.1 节介绍人工智能技术发展史、定义；

1.2 节介绍读者在学习机器学习前需要了解的基础概念；

1.3 节介绍机器学习的项目实现流程；

1.4 节介绍机器学习项目的应用场景。

引言

人工智能技术发展迅速，一直是近些年来的热门话题之一，受到人们极高的关注度。无论从国家政策还是社会环境出发，对于个人而言，学习人工智能技术逐渐成为一种趋势。人工智能是一门综合交叉学科，有着多个领域，机器学习就是其中一个重要的子领域。从机器学习算法的发展历史出发，有助于我们快速地了解机器学习的方法论及意义。

1.1 人工智能技术发展史和机器学习定义

在开始学习机器学习之前，先从人工智能技术发展的历史来了解机器学习。与机器学习最相关的一个词就是最近几年来炒得非常火热的"人工智能"。实际上，机器学习就是人工智能研究发展到一定阶段的必然产物。

1956 年 8 月，在美国汉诺斯小镇达特茅斯学院中，约翰·麦卡锡和其他数名顶级科学家组织了长达两个月的研讨会，该研讨会的主题是用机器来模仿人类学习以及其他方面的智能。该研讨会标志着人工智能这一学科正式诞生。

自诞生起，人工智能经历了三个重要的阶段。

第一阶段是"推理期"。那时候学者们认为只要赋予机器推理能力，机器就能具有智能。这一阶段的代表性工作是自动定理证明系统。其中，"逻辑理论家"程序在 1963 年证明了数学家罗素和怀特海名著中的《数学原理》的全部 52 条定理。西蒙和纽厄尔因为这一成就获得了计算机界的最高奖——图灵奖。

第二阶段是知识期。费根鲍姆等人认为，要使机器具有智能，就必须设法使机器拥有知识。这一时期，大量的专家系统问世，在很多应用领域取得了大量成果。费根鲍姆本人也作为"知识工程"之父获得了 1994 年的图灵奖。

20 世纪 80 年代，机器学习变得非常活跃。1980 年夏天，在 CMU 举行了第一届机器学习研讨会；1986 年，机器学习领域的顶级期刊 *Machine Learning* 创刊。总的来看，机器学习独立于人工智能,成为一门独立的学科,而且各种机器学习技术也进入了百花齐放的时代。决策树算法、支持向量机算法就是在这个时期产生的。

当前,人工智能处于学习期,其目标是让机器自动学习知识,而不是将知识总结出来再教给计算机。该阶段的主要成就就是炙手可热的深度学习。深度学习公认的三位创造者是 Hinton、LeCun 和 Bengio。

Hinton 的主要贡献包括反向传播、玻尔兹曼机,以及对卷积神经网络的改进。LeCun 的贡献有三个:第一个贡献是将卷积神经网络应用于手写数字识别;第二个贡献是改进了反向传播算法;第三个贡献是拓展了神经网络的应用范围。Bengio 的贡献是将深度学习应用到了手写支票识别、机器翻译,以及处理序列问题上。这三个人因为在深度学习方面的巨大贡献,共同分享了 2019 年的图灵奖。

纵观历史,人工智能技术发展史经历了如图 1.1 所示的发展过程。

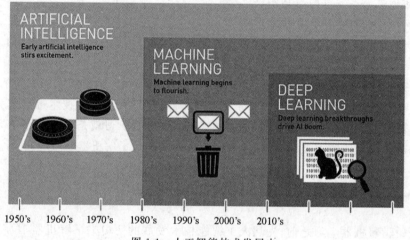

图 1.1　人工智能技术发展史

人工智能技术的发展,尤其是机器学习领域和深度学习领域的发展,都离不开数据。可以这么认为,在这短短的历史中,机器学习始终围绕着"数据"。从数据科学视角理解,普遍的观点是:机器学习是一门数据科学技术,计算机通过从已知的数据中进行学习以预测未来的行为、结果、趋势等。从这个定义中可以了解到,机器学习的核心对象是数据,围绕着数据提取数据特征通过迭代抽象出数据的模型,发现数据中的知识,又回到对数据的分析与预测中。作为机器学习的对象,数据是多样的,包括存在于计算机及网络上的各种数字、文字、图像、视频、音频数据以及它们的组合。

机器学习的目标不是找一个通用学习算法或是绝对最好的学习算法;反之,我们的目标是理解什么样的分布和人工智能体验的"真实世界"相关,什么样的学习算法在我们关心的数据生成分布上效果良好。机器学习用于对数据进行预测与分析,特别是对未知数据进行预测与分析,对数据的预测可以使计算机更加智能化,或者说使计算机的某些性能得到提高,对数据的分析可以让人们获取新的知识,给人们带来新的发现。对数据的预测与分析是通过构建模型实现的,机器学习的总目标是考虑学习什么样的模型和如何学习模型,以使模型能够对数据进行准确的预测与分析,同时也要考虑尽可能地提高学习效率。因此,可以将机器学习看成是由数据、模型和优化三部分构成的。

(1)数据。机器学习首先要考虑的问题是处理何种数据。常见的数据可以分为离散数据和连续数据两种。不同的数据类型将对应不同的算法模型。

(2)模型。机器学习在进行的过程中实质上是在学习模型。学习什么样的模型?在监督学习过程中,模型就是所要学习的条件概率分布或决策函数,模型的假设空间包括所有可能的条件概率分布或决策函数。

(3)优化。有了模型的假设空间,统计学习接着要考虑的是按照什么样的准则学习或选择最优的模型,机器学习的目标在于从假设空间中选取最优模型。

简言之,机器学习方法论可以表述成如下公式。

$$机器学习 = 数据 + 模型 + 优化$$

1.2 必要的基础概念

通过1.1节的学习,相信读者已经了解了人工智能技术发展史和机器学习的基本定义,"冰冻三尺,非一日之寒",学习机器学习也是同样的道理。现在来讨论机器学习问题中的基础术语。在前面的内容中讲到机器学习的方法论包含数据、模型及优化三方面,因此,接下来将从这三方面出发,对其中涉及的术语一一进行介绍。

1. 关于数据的基础术语

人们把输入机器学习模型的数据称为样本。样本可以分为特征和标签两部分,按照机器学习模型训练的思路来理解,在训练机器前,需要把样本数据的特征和标签同时输入机器,机器经过学习后就形成了自己的模型,这个时候只需要输入新的样本的特征,机器就能输出结果。例如,为了预测信用卡交易中是否存在欺诈行为,就需要采集一批用户信用卡交易数据,假设采集的信息中包含转账前的银行卡余额、转账后的银行卡余额、交易时间、交易类型等,这些信息就可以认为是描述用户交易行为的一条记录。也就是说,每一条记录是关于一个对象的描述,称为示例或者样本。这里的用户交易行为的每一个示例是通过转账前后银行卡余额、交易时间和交易类型进行描述的。那么这些用来描述反映用户在信用卡交易中的行为表现的数据信息,就称为属性或特征。

每个属性的取值,例如,银行卡转账前后余额的变动、消费时间的变化,其交易类型可以分为转账和消费两种取值。属性形成的空间称为属性空间、样本空间或者是输入空间。有了空间以后,每一个示例都可以在这个空间中找到自己的坐标位置,对应于一个坐标向量,因此也称示例为特征向量。因为每个示例都由三个属性表示,所以特征向量的维度为3,即每个示例都用一个三维的特征向量表示。

所有样本组成的集合称为数据集。这就包括在后续章节中所引用的各个案例的数据集,如第2章中的泰坦尼克号逃生数据集、北京房价数据集,第3章中的信用卡欺诈数据集等。

如果希望学得的模型能帮我们判断某一用户的信用卡交易是否存在欺诈行为,那么仅有示例数据不够,还需要示例的"结果"信息。例如,对于转账前后银行卡余额变化不大、交易时间在白天、交易类型为消费的一个示例,结果是无欺诈。拥有了标记信息的示例,称为样例。记 Y 为所有输出/标记的集合,那么它形成的空间称为输出空间或者标记空间。

2. 关于模型的基础术语

从数据中学得模型的过程称为"学习"或训练,这个过程中通过执行某个学习算法来完成,比如后续章节会讲到的决策树、支持向量机、K 最近邻、朴素贝叶斯等。如果给定的样本数据充足,在机器学习中一种较为简单的方法是随机地将数据集切为三部分,分为训练集、验证集和测试集。训练集用于机器对模型的学习,训练过程中使用的数据称为训练数据,其中每个样本称为训练样本。对模型进行优化和测试的数据称为验证数据,其中每个样本称为验证样本。使用训练数据学得模型后,使用其进行预测的过程称为测试。测试过程中使用的数据称为测试数据,测试数据中的每个样本称为测试样本。

现在给出学习任务的基础术语,根据训练样本是否有标记信息,学习任务可大致分为两大类:"监督学习"和"无监督学习"。在第 9 章讲到的聚类与降维是无监督学习的代表;而分类和回归是监督学习的代表。前面已经讲到,机器学习的目标是使得模型能很好地适用于"新样本"。使得模型适用于新样本的能力称为泛化能力,具有强泛化能力的模型可以帮助我们通过有限的经验数据预测未知样本的标记。机器学习的目标是要找到一个最优的函数表达式,我们称最优的"式子"为最佳拟合。然而,现实中,总是不能一次就可以完成目标。因此,在实际的业务中经常会遇见两个问题:欠拟合和过拟合。在本质上讲,欠拟合发生于模型不能在训练集上获得足够低的误差,过拟合发生于训练误差和测试差之间的差距太大。直观地讲,训练的模型在训练集上准确度高,在测试集上准确度低就是过拟合表现;训练的模型在训练集和测试集的准确度都低,就是欠拟合表现。我们需要对已知数据(训练集)、未知数据(通常指测试集及真实使用场景下的数据集)都能够有很好的预测能力,不同的学习方法给出不同的模型。机器学习的主要挑战是模型必须能够在先前未观测的新输入上表现良好,而不是只在训练集上效果好。在先前未观测到的输入上表现良好的能力被称为泛化。

3. 关于优化的基础术语

对于训练好的模型进行合理的评估,根据评估的结果对模型的参数设置进行调整,重复这个过程直到找到一个泛化能力强的机器学习模型,这个过程就称为机器学习模型的优化。我们将合理的评估称为适当的评价指标,按照不同的机器学习任务划分,分类常用的评价指标包括准确率、精度、召回率等,回归常用的评价指标包括均方误差和(MSE)、绝对值误差和(MAE)等,具体的评价指标在后面会陆续讲解。以分类任务为例,可以比较训练集、验证集、测试集的模型准确率来评价训练好的机器学习模型是不是好的模型。针对机器学习模型的过拟合和欠拟合这两种状态,都需要调整机器学习模型的参数。另外,根据"没有免费午餐"的定理,没有一个机器学习模型是通用的,因此也要根据具体的业务场景去更换机器学习模型。如何修改模型的参数和确定适当的模型,这将是后续章节中会讲到的内容。

1.3　机器学习项目工作流程

在具体的项目中,机器学习有其一般流程。本书基于数据集已完成收集的前提,因此在标准流程中省略了数据收集的步骤。具体流程可以总结为问题建模、数据预处理、特征工程、模型训练、模型优化、模型预测 6 部分。

下面介绍机器学习在应对工作任务时的 6 个必要部分。

1. 问题建模

我们应用机器学习最终的目的是处理业务问题或是现实问题。首先,需要定义问题。对问题的简单分析和界定是机器学习流程的第一步,即问题建模。问题建模决定着后续流程采用的方法。一般情况下,按照输出目标的类型可以将机器学习问题划分为分类问题、回归问题、聚类问题 3 种。不同的机器学习问题对应不同的数据处理、特征工程、模型选择和模型评估方法。

2. 数据预处理

数据分析分为两个过程:初步分析(IDA)和深度分析(EDA)。初步分析是所有数据分析必要的步骤。

初步分析一般包含数据构成分析、数据质量分析、统计学描述、图表分析。数据构成分析是指通过观察数据信息以了解该数据的构成,如构成表格型数据的类目型和数值型数据;数据质量分析是指需要观察数据集中是否出现错误值、异常值、缺失值等;统计学描述是指通过计算了解数据信息的统计学意义的指标,如观察数据的均值、标准差、方差、协方差等,统计学描述贯穿着整个数据分析和特征工程部分,后续会接着进行学习;图表分析即通过画图的方式将数据信息表现出来,这也是分析结果可视化的一种体现,如直方图、柱状图、密度图等。

深度分析或称探索性分析,是在对数据进行初步分析之后的深入分析,一般包括调整极端值、评估缺失值、转换变量、数据二进制化、构造新变量。调整极端值是指将数据中观测到的异常值进行调整变化,目的是判定异常值是否进行删除处理;评估缺失值是指根据数据内容判定缺失值的处理方法,如是否进行填充,填充数据应该为该属性数据的均值还是中位数等;转换变量是指考虑数据类型的重新编码方式,如 Pandas 处理方法中的分类型数据编码、独热编码(哑变量)等;数据二进制化是判定数据是否要转换形式;构造新变量是考虑增加新的变量。数据处理是机器学习流程中重要的一步,目的是避免数据的"无用输入,无用输出"。数据处理基本包括数据清洗、数据标准化、数据离散化、数据降维、文本型数据清洗 5 个方面。数据清洗是指对常见的表格型数据进行处理,主要方法有填充缺失值、异常值和噪声数据处理等;数据标准化是指将数据缩放在同一特定的区间内,具体方法如归一化等;数据离散化是指对连续型的特征数据进行划区间处理,常见的处理数据类型如时间序列等;数据降维是指对输入数据的特征数据进行线性相关性处理,主要针对数据量大的数据集,目的是减少输入数据维度,避免"维度爆炸";文本型数据清洗是针对字符串类型数据进行的相关数据处理工作,文本型数据和其他类型数据的处理方法有很大差异。文本型数据清洗包括对字符串的标点符号处理等。文本型数据处理在自然语言处理部分会详细介绍。

3. 特征工程

特征处理和数据处理之间并没有很明确的界限。一般的数据处理方法也适用于特征处理方法。特征处理包括特征工程和特征选择两部分。特征工程更偏向于特征的数据处理,会扩大数据集的数据量,常用的方法有增加特征(同增加变量)、创建哑变量、连续特征离散化、文本型特征哈希处理等。特征选择是指对处理后的特征按照一定的判定标准进行筛选,即特征的"优胜劣汰"。特征选择常用的方法有 3 个:过滤法、包装法、嵌入法。特征处理是机器学习中相当重要的一部分,在第 2 章将进行详细介绍。

4. 模型训练

直观地理解,模型训练是指通过反复的模型评估和参数优化来选择能以最佳的数学方式表征数据的模型。模型训练的过程包括模型评估和参数优化两部分。模型评估是指建立一个判断标准对模型的预测结果进行评估,模型评估的方法依据机器学习问题有所区分,适用于分类问题的常见指标有准确率、精度、召回率、ROC 等;适用于回归问题的常见指标有均方误差和(MSE)、绝对值误差和(MAE)等。参数优化一般是通过手动调整相关算法的参数进行不断调整确定最佳模型,后续各章节将以案例的方式来学习相应算法的参数优化;机器学习中也有自动搜索最佳参数的方法,第 2 章会有介绍。

5. 模型优化

训练模型后有 4 种情况:高方差、高偏差;高方差,低偏差;低方差,高偏差;低方差,低偏差。最佳的模型是低方差和低偏差。机器学习的目的是通过学习到的模型对新的输入数据进行预测,这就是模型预测。模型预测包括对原有数据预测和对新的数据预测两部分。

6. 模型预测

模型预测是机器学习应用项目流程的最后一步。在完成了前 5 个步骤后,需要将训练好的模型用于实际的工业项目。在这一步中,可以结合软件开发来部署模型。

1.4 机器学习任务场景

在 1.3 节中讨论了机器学习用于解决真实工业问题的项目流程,其中,在开始机器学习项目前,首先面临的就是问题建模这一步。问题建模的目的是将项目合理地转换为机器学习问题。机器学习的工业应用场景有很多种,读者在正式应用机器学习解决真实项目前,需要对常见的机器学习应用场景有一定的了解。例如,前面讲到分类是机器学习中代表性监督分类算法,分类在日常信息生活中的应用非常广泛,典型的应用就是我们几乎每天都要用到的垃圾邮件过滤。

按照机器学习的学习任务划分,可以将机器学习的项目应用场景划分为分类场景、回归场景、聚类场景。后续章节中所讲的项目案例主要基于这些应用场景,在案例拆分时,请读者留意。在这开始前,先来讨论一下这 3 种应用场景。

1. 分类场景

分类是监督学习的一个核心问题,在监督学习中,当输出变量 Y 取有限个离散值时,预测问题为分类问题。这时输入变量 X 可以是离散的,也可以是连续的。监督学习从数据中学习一个分类模型或分类决策函数,称为分类器。分类器对新的输入进行预测,称为分类。可能的输出称为类。分类的类别为多个时,称为多类分类问题。

分类在于根据其特征性将数据"分门别类",所以在许多领域有广泛的应用。例如,在银行信贷业务中,可以构建信用卡欺诈分类器来判定客户的交易行为是否存在欺诈。也可以构建一个客户分类模型,对客户按照贷款风险的大小进行分类,在图像处理中,分类可以用来检测图像中是否有人脸出现;在手写识别中,分类可以用于识别手写的数字。这些都属于典型的分类应用场景。

2. 回归场景

回归是监督学习的另一个重要问题,回归用于预测输入变量(自变量)和(因变量)之间的关系,特别是当输入变量的值发生变化时,输出变量的值随之发生的变化。回归模型是表示从输入变量到输出变量之间映射的函数。回归问题的学习等价于函数拟合,选择一条函数曲线使其很好地拟合已知数据且很好地预测未知数据。

回归问题按照输入变量的个数,可以分为一元回归和多元回归;按照输入变量和输出变量之间的关系的类型即模型的类型,分为线性回归和非线性回归。回归学习最常用的损失函数是平方损失函数,在此情况下,回归问题可以由著名的最小二乘法求解。

许多领域的任务都可以形式化为回归问题。例如,回归用于商务领域,作为市场趋势预测、产品质量管理、客户满意度调查、投资风险分析的工具。假设知道某公司在过去不同时间点的市场上的股票价格,以及在各个时间点之前可能影响公司股价的信息(例如该公司前一周的营业额、利润),目标是从过去的数据学习一个模型,使它可以基于当前信息预测该公司下一个时间点的股票价格。可以将这个问题看作是回归问题。具体地,将影响股票的信息视为自变量(输入特征),而将股价视为因变量(输出的值)。将过去的数据作为训练数据,就可以学习一个回归模型。

3. 聚类场景

聚类学习是无监督学习的典型应用之一,聚类问题也渗透到人们生活的方方面面。例如,衣服尺寸 S、L、XL 实际上就是聚类的直接应用。聚类问题属于无监督学习的一个核心问题。与有监督学习不同的是,聚类问题中输入的样本数据只包含特征,不包含标签。聚类是统计学上的概念,现在属于机器学习中非监督学习的范畴,大多被应用在数据挖掘、数据分析的领域。如果把人和其他动物放在一起比较,可以很轻松地找到一些判断特征,如肢体、嘴巴、耳朵、皮毛等,根据判断指标之间的差距大小划分出某一类为人,某一类为狗,某一类为鱼等,这就是聚类。

前面只是简单举例说明了机器学习的典型应用,实际上,机器学习广泛应用于各个学科领域以及各行各业中。例如,自然语言处理、计算机视觉、医疗结果分析、机器人控制、计算生物学等领域。

小结与讨论

从人工智能技术发展史来看,机器学习是其必然产物,在这之中,机器学习的发展受到两方面的影响:一方面是新的算法模型的产生,如决策树算法、支持向量机、反向传播算法等;另一方面则是数据的爆发式增长。我们可以将机器学习看作一门数据科学技术,计算机通过从已知的数据中进行学习以预测未来的行为、结果、趋势等,按照这一思想,我们将机器学习的方法论总结为数据、模型、优化。同时人工智能是一门综合交叉的学科,包含很多领域。机器学习在许多领域中都有其应用,按照机器学习在各自领域中的任务将机器学习划分为有监督学习和无监督学习两种。有监督学习包含分类任务和回归任务,无监督学习包含聚类任务和降维。最后,我们把对应机器学习的任务的项目应用场景分为分类场景、回归场景、聚类场景。

习题

1. 什么是机器学习?
2. 请结合生活中的实例阐述机器学习解决方案。
3. 什么是监督学习和无监督学习?请结合例子说明区别。
4. 请解释分类问题和回归问题的区别和联系。

第2章 特征工程方法

本章组织：本章主要讨论在机器学习项目中常用的特征工程方法。首先，从数据属性和样本特征两个角度分别介绍了描述样本数据的常见特征类型，如标称属性、统计特征、复杂特征等；其次，从特征处理和特征选择两方面总结了特征工程的一般方法和基本技巧，如缺失值处理、异常值处理、过滤法等；最后，通过对北京房价数据的特征工程和泰坦尼克号逃生数据的特征工程两个案例进行拆解，演示了在项目中进行特征工程的实操方法。

2.1节介绍机器学习项目中常见的描述样本数据的特征类型；

2.2节介绍特征处理的一般方法，如缺失值处理、异常值处理、特征编码等；

2.3节介绍特征选择的基本技巧，包括过滤法、包装法、内嵌法；

2.4节介绍北京房价数据的特征工程案例；

2.5节介绍泰坦尼克号逃生数据的特征工程案例。

引言

人工智能技术的发展离不开数据的支撑，尤其在机器学习中，大规模的数据输入有助于提高模型的准确率。然而，在真实的项目应用中，大部分的数据输入都是"无用输入"。为了提高数据输入的质量，特征工程方法应运而生。特征工程是机器学习项目实现流程中的重要一步，其效果往往决定了机器学习的上限，而算法和模型只是逼近这个上限。一般来讲，特征工程包括特征处理和特征选择两个重要的部分，其本质上是一项工程活动，目的是最大限度地从样本数据中提取特征以供算法和模型使用。在本章中，将重点讲解常见的特征类型、特征工程的一般方法和基本技巧。

2.1 特征类型

我们对特征这个概念并不陌生。在生活中，经常会使用诸如真诚、严谨等词语来描述对一个人的印象。当然，有时候也会使用一些更直观的词语，如英俊、人高马大等。从认知的角度来看，我们采用的词语都是在表征对一个人的特征的印象，然而这些特征在理解时是有很大差异的，同时，对于这些词语的使用深刻影响听者对于这个人的判断。就是特征类型的重要性，在机器学习中亦然。我们大概知道，特征工程的目的是通过一些方法选择出对机器学习建模影响较为重要的特征，而特征本质上就是指用来描述样本数据的数据字段，即属性。因此，可以从数据属性和数据特征两个角度来划分特征类型。

如果从属性这个意义上划分，在机器学习中，样本数据的特征包括标称属性、序数属性、数值属性、离散属性和连续属性等。

1. 标称属性

标称属性的值是指一些符号或事物的名称,如红色、职业、城市等。明显的特点是:标称属性的值在排序上无意义,而且不是定量的,这也就意味着,我们对于标称属性求均值没有意义。事实上,标称属性的值代表了不同类别、编码、状态等,因此,标称属性可以被看作是分类的,对于标称属性往往需要进行特征编码。具体地,在机器学习项目中,经常用数字来表示这些标称属性的值,如可以使用 0 代表红色,使用 1 代表非红色。这将在2.2 节中讲到,请读者注意。

2. 序数属性

与标称属性比较起来,序数属性对应的值就显得更有价值。序数属性的值可以进行有意义的排序,但是相继值之间的差却是未知的。例如,少年、青年、中年,这些值具有有意义的先后次序,但其先后之间的差却是未知的。同时,序数属性可以把数量值的值域划分成有限个有序类别。例如,可以使用有限个有序类别来表示对某一购物体验的评价,0代表不满意,1 代表基本满意,2 代表满意,3 代表非常满意。在机器学习项目中,通常通过把数据属性离散化得到序数属性。

3. 数值属性

直观地看,数值属性就是指定量的可度量的量,直接用数字表示,也可以是用区间标度的或比例标度的,如身高 179cm、体重 60kg、气温 15℃等。

4. 离散属性和连续属性

在机器学习中,通常需要把属性分为离散的和连续的。离散的属性是指具有有限个或无限个可数个数,可以用数值表示。如果属性不是离散的,则它是连续属性。在项目中,通常用有限位数字表示离散属性,用浮点数表示连续属性。

如果从数据特征意义上划分特征类型,可以将特征划分为基本特征、统计特征、复杂特征、自然特征 4 种。基本特征主要指空间特征、时间特征等。空间特征包括种类、数量、金额、大小、长度等,如鸢尾花案例中花瓣的长度;时间特征包括时长、次数、频率、周期等,如自行车租赁中的自行车骑行次数。统计特征主要指统计意义上的特征,包括比例、比值、最大值、最小值、平均值、中位数、分位点、异常值等,如房价预测案例中的最大面积。复杂特征是指基本特征和统计特征的不同组合:时间特征和统计特征组合,如近一星期购物次数;空间特征和统计特征组合,如近一星期购物次数占总购物次数的比例等。自然特征指生活意义上的特征,包括图像特征、语音特征等,如自拍照是否微笑。

2.2 特征处理

特征处理是特征工程的重要构成,也是特征工程的基础。具体地,特征处理是指对输入数据进行简单处理分析的基础上进行深度数据处理分析。特征处理方法和数据处理方法之间并没有明确的界限,特征处理包含常见的数据预处理方法。特征处理常用方法有数据处理、增加特征、特征编码、特征数据变化、特征合并、文本型特征哈希处理、数据降维等。

在特征处理中,常见的数据处理有缺失值处理、异常值处理。缺失值的存在影响了后续矩阵计算,一般常见于表格型数据。缺失值的处理方法有两种:一是剔除缺失值;二是填充缺失值。剔除的方法很简单,对应表格型数据,可以从行和列两个角度实现。缺失值填充是也是机器学习进行数据处理的常见方法之一。主要有以某个特征列的均值、众数、常数等进行填充。更高阶的做法是,利用算法拟合进行填充,如泰坦尼克号逃生预测的案例中可以使用回归算法预测缺失年龄来实现缺失年龄填充。异常值检测是机器学习数据处理的常见方法之一。异常值的检测操作过程类似于数组的布尔索引操作,主要思路是利用特征列的数值条件选择进行异常值的过滤。

特征处理中的特征编码与数据处理时的数据类型转换一致,常常要依据输入数据的类型进行相应的特征编码。常见的特征编码主要有定性特征哑编码(one-hot)、定量特征二值化、分类型数据编码。独热编码是指创建一个 k 阶的矩阵,该矩阵中仅包含 0 和 1 两个元素,可用于离散型特征和连续型特征两种。分类型数据编码主要针对分类型对象进行编码,常用于分类问题中的类别编码,如鸢尾花案例中的鸢尾花的种类、红酒产地预测案例中的红酒种类等。

特征处理中的数据变化是指将不同的数据样本变化成同一规格。常见的方法有归一化、标准化、多项式变换、自定义方法数据变化等。归一化的目的在于样本向量在点乘运算或其他核函数计算相似性时,拥有统一的标准,也就是说都转换为"单位向量";多项式变换是指基于多项式、指数函数、对数函数的数据类型变换;自定义方法的数据变换如基于单变元函数的数据变换;无量纲化是使不同规格的数据转换到同一规格;标准化方法将服从正态分布的特征值转换成标准正态分布,标准化需要计算特征的均值和标准差;区间缩放法的思路有多种,常见的一种为利用两个最值进行缩放,如 0,1。

2.3 特征选择

在前面讲到描述样本数据的特征越丰富,机器学习模型的准确率越高。然而,在现实的机器学习任务中,一个普遍存在的事实是,样本数据的关键信息只聚焦在部分或少数特征上,因此,需要从过多的特征中选择出重要的特征来进行建模,这样做的另一个好处是能够避免维数灾难。从这个意义上讲,对特征进行合理的选择非常有必要,同时,在特征选择的过程中,我们会对样本数据的特征有一个更加充分的了解。

为了选择对于模型有意义的特征,要遵循一定的原则。通常来说,可以从下述三方面来考虑特征:一是考虑特征是否发散。如果一个特征不发散,例如方差接近于 0,也就是说样本在这个特征上基本没有差异,那么这个特征对于样本的区分作用就不明显,可以说基于这个特征的样本区分度不高。二是考虑特征之间的相关性。可以通过分析特征与特征之间的线性相关性来筛选特征,也就是说将相关性比较高的特征去除。三是考虑特征与目标的相关性,当一个特征与我们的预测目标相关性较高时,可以优先选择该特征。整体上讲,特征选择的原则可以这样理解,经过筛选特征以获取尽可能小的特征子集,同时,该特征子集不显著降低分类任务的准确率或提高回归任务的误差和,不影响类的分布且具有稳定适应性强的特点等。

具体地,从应用角度出发,常见的特征选择方法有很多,主要包含特征减少和特征扩增。特征减少的方法包括过滤法(Filter)、包装法(Wrapper)、嵌入法(Embedded)等。过滤法是一种基于单变量特征的选择方法,其原理是分别计算每个变量的某个统计指标,根据该指标判断哪些指标重要,剔除那些不重要的指标。这种方法比较简单,易于运行,易于理解,通常对于理解数据有较好的效果,这种方法的缺点是对特征优化、提高机器学习模型的泛化能力来说不一定有效。其实,特征过滤本质上是使用统计学方法评估特征集,不用考虑后续学习器,可以按照特征发散性和相关性的原则对各个特征进行评分,设定阈值或者待选择阈值的个数,选择特征。常用的方法有方差选择法、卡方检验法。使用方差选择法,先要计算各个特征的方差,然后根据阈值选择方差大于阈值的特征;卡方检验法是检验特征对标签的相关性,选择其中 K 个与标签最相关的特征。选择 K 个最好的特征,返回选择特征后的数据。与过滤法不同的是,包装法和嵌入法是一种基于模型的特征选择方法。包装法是使用交叉验证的方法评估特征集,需要考虑后续学习器,根据目标函数即预测效果评分,每次选择若干特征,或者排除若干特征。常用的方法有递归消除特征法。递归消除特征法使用一个基模型来进行多轮训练,每轮训练后,消除若干权值系数的特征,再基于新的特征集进行下一轮训练,递归地训练基模型,将权值系数较小的特征从特征集合中消除。嵌入法是先使用某些机器学习的算法和模型进行训练,得到各个特征的权重系数,根据系数从大到小选择特征,这种方法类似于过滤法,但这种方法本质上是通过训练模型来确定特征的优劣,如可以使用后续章节中的决策树算法、GBDT 方法等树模型来进行特征优劣的筛选。

过滤法、包装法和嵌入法都是机器学习项目中进行特征工程的常见方法。不同的方法有其独特的优势,也有缺陷。在具体的机器学习任务中,过滤法比包装法速度快,不需要对模型进行训练。包装法计算成本高。过滤法可能效果不是很好,挑选出的特征并不是最好的特征。包装法往往能挑出最好的特征。使用包装法比过滤法更容易让模型过拟合。嵌入法综合了过滤法和包装法的优点,通过算法内建的特征选择方法实现,先使用某些机器学习的算法和模型进行训练,得到各个特征的权值系数,再根据系数从大到小选择特征。

相对于特征减少,特征扩增就变得非常简单。特征扩增就是在样本数据的特征基础上构造新的特征。在后续章节的案例中,主要学习特征减少方法。

2.4 案例1:北京房价数据特征工程

2.4.1 案例介绍

案例名称:北京房价数据特征工程。

案例数据：数据集包含了 6 个有效特征。分别是房子面积、房间布局、使用情况、学校情况、始建年代、所在楼层。

数据类型：全部属于数值类型。

2.4.2　案例目标

本案例目标是对房价数据进行处理分析，完成特征构造、特征区间离散化处理、时间类型数据处理、表格数据矩阵转换、数据归一化处理、数据二进制保存。

2.4.3　案例拆解

案例代码清单 2-4-1

```
#2-4-1 读取数据集和观察数据
import numpy as np
import pandas as pd
from pandas import Series, DataFrame
bj_df = pd.read_csv('../data/bj_house.csv');bj_df[:5]
```

【代码输出】

北京房价数据前 5 个样本如图 2.1 所示。

	Unnamed: 0	Area	Value	Room	Living	School	Year	Floor	averageprice	price_1	price_2	price_3	price_4
0	0	60	135	2	1	1	1944	6	30	1	0	0	0
1	1	87	450	3	1	1	1952	4	29	1	0	0	0
2	2	87	450	3	1	1	1952	4	29	1	0	0	0
3	3	87	500	3	1	1	1952	4	29	1	0	0	0
4	4	87	500	3	1	1	1952	4	29	1	0	0	0

图 2.1　北京房价数据前 5 个样本

案例代码清单 2-4-2

```
#2-4-2 观察数据
print("北京房价特征包括：\n\r %s"% [i for i in bj_df.columns[5:]])
```

【代码输出】

北京房价特征包括：
['School', 'Year', 'Floor', 'averageprice', 'price_1', 'price_2', 'price_3', 'price_4']

案例代码清单 2-4-3

```
#2-4-3 增加特征
bj_df['averagearea'] = bj_df['Area']//bj_df['Room']
bj_df['averagearea'].describe()
```

【代码输出】

```
count   9988.000000
mean      43.596316
std       15.058247
min       14.000000
25%       33.000000
50%       43.000000
75%       51.000000
max      421.000000
Name: averagearea, dtype: float64
```

案例代码清单 2-4-4

```
#2-4-4 连续特征离散化
area=[0, 62, 83, 92, 110, 200, 600]
bj_df_area=pd.get_dummies(pd.cut(bj_df['Area'], area,
        labels=['area_1','area_2','area_3','area_4','area_5','area_6']))
bj_df_area.head()
```

【代码输出】

特征离散结果如图 2.2 所示。

	area_1	area_2	area_3	area_4	area_5	area_6
0	1	0	0	0	0	0
1	0	0	1	0	0	0
2	0	0	1	0	0	0
3	0	0	1	0	0	0
4	0	0	1	0	0	0

图 2.2　特征离散结果

案例代码清单 2-4-5

```
#2-4-5 合并数据
bj_df=bj_df.join(bj_df_area)
bj_df.head()
```

【代码输出】

数据表合并结果如图 2.3 所示。

Area	Value	Room	Living	School	Year	Floor	averageprice	price_1	price_2	price_3	price_4	averagearea	area_1	area_2	area_3	area_4	area_5	area_6
60	135	2	1	1	1944	6	30	1	0	0	0	30	1	0	0	0	0	0
87	450	3	1	1	1952	4	29	1	0	0	0	29	0	0	1	0	0	0
87	450	3	1	1	1952	4	29	1	0	0	0	29	0	0	1	0	0	0
87	500	3	1	1	1952	4	29	1	0	0	0	29	0	0	1	0	0	0
87	500	3	1	1	1952	4	29	1	0	0	0	29	0	0	1	0	0	0

图 2.3 数据表合并

案例代码清单 2-4-6

```
#2-4-6 Year 特征处理
bj_df['House_history'] = bj_df['Year'].apply(lambdax: 2019-x)
bj_df.head()
```

【代码输出】

'Year'特征处理结果如图 2.4 所示。

Room	Living	School	Year	Floor	averageprice	price_1	...	price_3	price_4	averagearea	area_1	area_2	area_3	area_4	area_5	area_6	House_history
2	1	1	1944	6	30	1	...	0	0	30	1	0	0	0	0	0	75
3	1	1	1952	4	29	1	...	0	0	29	0	0	1	0	0	0	67
3	1	1	1952	4	29	1	...	0	0	29	0	0	1	0	0	0	67
3	1	1	1952	4	29	1	...	0	0	29	0	0	1	0	0	0	67
3	1	1	1952	4	29	1	...	0	0	29	0	0	1	0	0	0	67

图 2.4 'Year'特征处理结果

案例代码清单 2-4-7

```
#2-4-7 剔除多余特征
feature_out = ['Year','Area']
bj_df2 = bj_df.drop(feature_out, axis =1)
bj_df2.info()
```

【代码输出】

```
<class 'pandas.core.frame.DataFrame'>
RangeIndex: 9988 entries, 0 to 9987
Data columns (total 19 columns):
Unnamed: 0       9988 non-null int64
Value            9988 non-null int64
Room             9988 non-null int64
Living           9988 non-null int64
School           9988 non-null int64
Floor            9988 non-null int64
averageprice     9988 non-null int64
```

```
price_1          9988 non-null int64
price_2          9988 non-null int64
price_3          9988 non-null int64
price_4          9988 non-null int64
averagearea      9988 non-null int64
area_1           9988 non-null uint8
area_2           9988 non-null uint8
area_3           9988 non-null uint8
area_4           9988 non-null uint8
area_5           9988 non-null uint8
area_6           9988 non-null uint8
House_history    9988 non-null int64
dtypes: int64(13), uint8(6)
memory usage: 1.0MB
```

案例代码清单 2-4-8

```
# 2-4-8 将处理后的特征保存为矩阵
bj_house_df = bj_df2.as_matrix()
x = bj_house_df[:,4:14];print(x)
y = bj_house_df[:,3];print(y)
```

【代码输出】

```
[[ 1  6 30 ... 30 1 0]
 [ 1  4 29 ... 29 0 0]
 [ 1  4 29 ... 29 0 0]
 ...
 [ 1  9 58 ... 58 0 0]
 [ 1 32 56 ... 56 0 0]
 [ 1 18 56 ... 56 0 0]]
[ 1  1  1 ... 2  2  2]
```

2.5 案例2：泰坦尼克号乘客逃生数据特征工程

2.5.1 案例介绍

案例名称：泰坦尼克号乘客逃生数据特征工程。

案例数据：数据集包含 10 个有效特征，分别是乘客等级、乘客姓名、乘客性别、乘客年龄、乘客家族信息、乘客家庭信息、船票信息、船票价格、船上住宿信息、登船码头。

数据类型：7 个数值类型的特征、5 个类目型特征。

2.5.2　案例目标

本案例的目标是对泰坦尼克号乘客数据进行特征工程，完成缺失值处理、特征离散化、数据表格合并、表格转换矩阵、数据二进制保存。

2.5.3　案例拆解

案例代码清单 2-5-1

```
# 2-5-1 读取数据集和观察数据
import numpy as np
import pandas as pd
from pandas import Series, DataFrames
df_titanic = pd.read_csv('../data/titanic/train.csv')
df_titanic.info()
df_titanic.head()
```

【代码输出】

泰坦尼克号乘客逃生数据前 5 个样本如图 2.5 所示。

	PassengerId	Survived	Pclass	Name	Sex	Age	SibSp	Parch	Ticket	Fare	Cabin	Embarked
0	1	0	3	Braund, Mr. Owen Harris	male	22.0	1	0	A/5 21171	7.2500	NaN	S
1	2	1	1	Cumings, Mrs. John Bradley (Florence Briggs Th...	female	38.0	1	0	PC 17599	71.2833	C85	C
2	3	1	3	Heikkinen, Miss. Laina	female	26.0	0	0	STON/O2. 3101282	7.9250	NaN	S
3	4	1	1	Futrelle, Mrs. Jacques Heath (Lily May Peel)	female	35.0	1	0	113803	53.1000	C123	S
4	5	0	3	Allen, Mr. William Henry	male	35.0	0	0	373450	8.0500	NaN	S

图 2.5　泰坦尼克号乘客逃生数据前 5 个样本

【代码输出】

```
<class 'pandas.core.frame.DataFrame'>
RangeIndex: 891 entries, 0 to 890
Data columns (total 12 columns):
PassengerId    891 non-null int64
Survived       891 non-null int64
Pclass         891 non-null int64
Name           891 non-null object
Sex            891 non-null object
Age            714 non-null float64
SibSp          891 non-null int64
Parch          891 non-null int64
Ticket         891 non-null object
Fare           891 non-null float64
Cabin          204 non-null object
```

```
Embarked        889 non-null object
dtypes: float64(2), int64(5), object(5)
memory usage: 83.7+KB
```

案例代码清单 2-5-2

```
#2-5-2 缺失值统计
import numpy as np
list_missing_name =['Age','Cabin']
#统计 Age、Cabin 特征列中各自为空值的数量
np.sum(df_titanic[list_missing_name].isnull())
```

【代码输出】

```
Age       177
Cabin     687
dtype: int64
```

案例代码清单 2-5-3

```
#2-5-3 缺失值处理
#求 Age 特征列的均值
df_age_mean = round(df_titanic['Age'].mean(),2)
#将 Age 特征列中所有的空值用 Age 特征列的均值填充
df_titanic['Age'] = df_titanic['Age'].fillna(df_age_mean)
#再次查看 Age 特征列为空的数量
np.sum(df_titanic['Age'].isnull())
```

【代码输出】

```
0
```

案例代码清单 2-5-4

```
#2-5-4 特征编码
Encode_name = ['Sex','Embarked']
#get_dummies 为 pandas 提供的 one-hot 编码函数
#选取 Sex、Embarked 两个特征列的内容,并进行 one-hot 编码
df_dummies=pd.get_dummies(df_titanic[Encode_name])
#并将如上结果以添加列的方式追加到源数据内容,将组合后的数据保存到 df_titanic 对象
df_titanic=df_titanic.join(df_dummies)
```

案例代码清单 2-5-5

```
#2-5-5 剔除无用特征
list_feature_out = ['Name','Ticket','PassengerId','Cabin','Embarked','Sex']
#使用 drop 函数删除'Name','Ticket','PassengerId','Cabin','Embarked','Sex'特征,
#并将结果保存到 df_titanic_2 对象
```

```
df_titanic_2 = df_titanic.drop(list_feature_out, axis=1)
```

案例代码清单 2-5-6

```
#2-5-6 将数据保存成矩阵
#获取 df_titanic_2 对象中的所有数据内容,不包含标题和索引,并转换为数组
nd_titanic = df_titanic_2.as_matrix()
nd_titanic
```

【代码输出】

```
array([[ 0.       , 3.       , 22.       , ..., 0.       ,
         0.       , 1.       ],
       [1.       , 1.       , 38.       , ..., 1.       ,
         0.       , 0.       ],
       [1.       , 3.       , 26.       , ..., 0.       ,
         0.       , 1.       ],
       ...,
       [0.       , 3.       , 29.69911765, ..., 0.       ,
         0.       , 1.       ],
       [1.       , 1.       , 26.       , ..., 1.       ,
         0.       , 0.       ],
       [0.       , 3.       , 32.       , ..., 0.       ,
         1.       , 0.       ]])
```

案例代码清单 2-5-7

```
#2-5-7 分别取出特征和标签
#获取第二列到第十一列的所有数据
nd_features = nd_titanic[:,1:11];
#获取第一列数据
nd_labels = nd_titanic[:,0]
```

案例代码清单 2-5-8

```
#2-5-8 特征规范化
from sklearn.preprocessing import MinMaxScaler
#MinMaxScaler feature_range 默认参数是 0-1
#将 nd_features 对象中的每一列(特征)的值执行归一化操作,即将每一列(特征)中每一个值
的取值范围更改为 0~1
nd_x_new = MinMaxScaler().fit_transform(nd_features)
nd_x_new[1]
```

【代码输出】

```
array([0.       , 0.4722292 , 0.125    , 0.       , 0.13913574,
       1.       , 0.       , 1.       , 0.       , 0.       ])
```

案例代码清单 2-5-9

```
#2-5-9 保存数据
np.savez('Titanic.npz', features=nd_features, labels=nd_labels)
!unzip -l Titanic.npz
```

【代码输出】

```
Archive:  Titanic.npz
Length      Date      Time    Name
-------   ------    ----    -------
  71408  01-01-1980  00:00   features.npy
   7256  01-01-1980  00:00   labels.npy
---------           -------
  78664             2 files
```

小结与讨论

　　本章主要涉及特征工程的常见方法及技巧。在特征处理的过程中,经常需要针对样本数据进行缺失值处理、异常值检测、特征对象编码。在特征选择的过程中,可以从特征的发散性、特征与特征之间的相关性、特征与目标的相关性 3 方面筛选特征,具体的方法有过滤法、包装法、内嵌法。这些都是在机器学习项目中经常用到的基本方法,也适用于数据分析和数据挖掘。同时,本章中的两个案例只是演示了部分代码实操方法,特征工程是机器学习项目重要的一个流程,在后续章节的案例中会更深入地应用这些方法。

习题

　　1. 什么是特征工程? 请结合具体案例说明特征工程的重要性。

　　2. 请总结特征工程的具体方法。

　　3. 请结合具体案例说明特征编码方法。

　　4. 请解释特征选择方法之间的区别和联系。

　　5. 请自行生成数据集进行特征工程案例分析。

第3章 决 策 树

本章组织：本章首先由一个案例引入介绍决策树的实现过程，然后介绍了构造决策树时常用的 3 个目标函数。最后通过拆解两个案例演示了机器学习项目中决策树算法的应用方法。

3.1 节通过构造案例介绍决策树算法的实现过程；

3.2 节介绍构造决策树时常用的 3 个目标函数：信息增益、信息增益率、基尼指数；

3.3 节介绍鸢尾花分类案例；

3.4 节介绍信用卡欺诈预测案例。

引言

生活中，人们经常会遇到很多需要做出判断或是决策的情景。当人们做出某一判断或是决策的时候，往往需要依赖一些前提条件，例如，家长们总是以学习成绩好、聪明伶俐、听话乖巧等词语来衡量别人家的好孩子。又或者，在商业中，投资者会以投入产出比这一指标来进行商业决策。那么问题来了，这些关键的判断条件或决策依据是怎么产生的？这就是本章中需要讨论的问题。在机器学习中，决策树算法是一种基础算法，也是一种常用算法，同时适用于分类场景和回归场景。可以称为分类树和回归树。本章中将重点讨论决策树算法的形成过程、目标函数以及应用技巧。

3.1 决策树实现过程

在机器学习中，构造决策树的过程实质上是基于特定数据集进行判定条件排序的过程。主要包括寻找划分依据、创建分支点两个步骤：第一步，寻找划分依据，划分依据因选取的目标函数不一致而采取不同的计算方法，但核心是基于信息熵判定划分依据即样本属性的纯度；第二步，创建分支点，创建分支点的过程就是决策树树形结构形成的过程。树形结构由节点和有向边组成。节点有两种类型：内部节点和叶节点。内部节点表示一个特征或属性，叶节点表示一个类。

下面通过男生找女朋友的实例来了解决策树实现过程。

问题描述：有 10 个数据样本，数据描述了男生找女朋友的思考过程，为了便于理解，从 5 个影响结果的维度（特征）来观察，见表 3.1。

表 3.1 样本数据表

编 号	脾 气	身高/cm	身 材	经 济	年 龄 差	结 果
1	差	168	佳	有	小	合适
2	好	158	佳	没有	小	合适
3	一般	170	良	有	小	不合适
4	一般	160	佳	没有	大	不合适
5	一般	162	不好	没有	大	不合适
6	差	163	良	有	小	合适
7	差	164	佳	有	大	不合适
8	好	168	良	没有	小	合适
9	好	153	不好	有	大	不合适
10	差	160	良	有	大	合适

构造数据：输入的数据需要提前进行标注。

脾气：0 代表好，1 代表一般，2 代表差；

身高：0 代表 163 以下，1 代表 163 以上（含 163）；

身材：0 代表佳，1 代表良，2 代表不好；

经济：0 代表有，1 代表没有；

年龄：0 代表大，1 代表小；

结果：0 代表合适，1 代表不合适。

案例代码清单 3-1-1

```
#3-1-1 构造样本数据
#X_train 是指特征数据
X_train = [[2,1,0,0,1],[0,0,0,1,1],
          [1,1,1,0,1],[1,0,0,1,0],
          [1,0,2,1,0],[2,1,1,0,1],
          [2,1,0,0,0],[0,1,1,1,1],
          [0,0,2,0,0],[2,0,1,0,0]]
#Y_train 是指标签
Y_train = [0,0,1,1,1,0,1,0,1,0]
#指定 list_class_names 存放输出类别
list_class_names=['合适','不合适']

#定义决策树模型
from sklearn import tree
#criterion = "entropy" 表示使用"熵"也就是信息增益的方式创建决策树对象
obj_dtc_e = tree.DecisionTreeClassifier(criterion = "entropy")
```

```
#训练模型
#使用 X_train,Y_train 拟合决策树模型 obj_dtc_e
obj_dtc_e = obj_dtc_e.fit(X_train,Y_train)

#预测结果
#X_test"女朋友"特征为：脾气差,身高在 163cm 以上,身材良,经济条件好,年龄大
X_test = [[2, 1, 1, 0, 0]]
#预测 X_test 数据
Y_hat = obj_dtc_e.predict(X_test)
#使用预测结果 Y_hat[0],在 list_class_names 列表中查看对应的类别
print("这位女朋友对于我非常% s"% list_class_names[Y_hat[0]])
```

【代码输出】

这位女朋友对于我非常不合适

案例代码清单 3-1-2

```
#3-1-2 决策过程可视化
import graphviz
list_feature_names = ['脾气','身高','身材','经济','年龄']
#以 DOT 格式导出决策树,out_file=None 表示以字符串形式返回,
#feature_names=list_feature_names 表示使用列表 list_feature_names 赋值所有特征
#名称
#class_names=list_class_names 使用列表 list_class_names 赋值所有标签名称
#filled=True 表示绘制节点以使用大多数类别进行分类
#rounded=True 表示在树的底部绘制所有叶节点
#special_characters=True 表示启用用于 PostScript 兼容性的特殊字符
dot_data=tree.export_graphviz(obj_dtc_e, out_file=None,
                    feature_names=list_feature_names,
                    class_names=list_class_names,
                    filled=True, rounded=True,
                    special_characters=True)

#使用 Graphviz 对象的 Source 函数,将数据 dot_data 转换为 DOT 源码字符串
graph=graphviz.Source(dot_data)
graph
```

【代码输出】

如图 3.1 所示。

读者可以仔细观察图 3.1,这是决策树的可视化图。假定影响男生的选择结果的特征从上往下重要性递减,可以发现,在模拟的数据中,男生对女朋友的选择是优先按照年龄差距作为第一条件,脾气为第二条件,身材为第三条件,经济不成为条件。那么,关于这些条件的排序的原理是什么呢？3.2 节中将进行讨论。

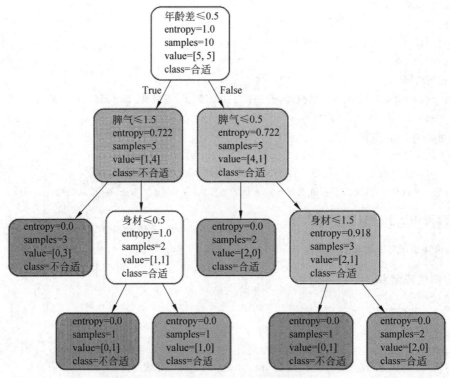

图 3.1　男生找女朋友思维分析决策可视化图

3.2　决策树的目标函数

通过 3.1 节的讲述，相信读者已经对决策树算法的应用有了初步认识。从男生找女朋友的案例中了解到，使用决策树算法正是在找寻一种划分样本数据的依赖条件。很显然，最佳的女朋友不是由女生本身的条件所决定，而是由男生的选择而决定。其实在现实生活中，我们通常也会"固执己见"，相信自己对某件事情的判断或者是坚信某个决定。但事实是，很少有人能永远正确，比起理智，或许人们更愿意相信直觉。那么，如何提高直觉的准确率？可以通过学习决策树的目标函数来找寻一些方法。

相信读者通过对第 2 章内容的学习，应该已经了解了样本数据特征的重要性。从某种意义上讲，决策树算法的核心思想是根据特定的分类条件自动划分这些特征。因此，可以通过决策树算法来筛选相对重要的特征。在这个过程中，目标函数起到了关键作用。接下来讨论决策树算法中的目标函数。

我们假定在分类场景下，已知输入机器的样本数据有多个特征，输出为样本的类别。应用决策树算法的过程可以描述为根据特定的目标函数划分特征集，最终建立一棵分类树，以确保样本数据按照其类别尽可能进行正确的分类。由此可知，决策树的目标函数是与样本数据的特征密切相关的。很显然，不同类别的样本又具有不同的特征，换句话说，最佳的特征组合决定了样本的类别归属。因此，可以使用"非纯度"来衡量样本的特征组合是否达到了最佳。例如，如果样本数据只有一种分类结果，可以认为该样本数据最纯，即一致性好；反之，样本数据有多个分类，则样本数据不纯，即一致性不好。

目标函数的作用是为了衡量样本数据特征组合最佳性的"非纯度"。对于"非纯度"判定的计算方法的不同产生了相应的算法。根据这一原则来比较决策树算法中常用的 3 个目标函数，分别是信息增益（ID3 算法）、信息增益率（C4.5 算法）、基尼指数（CART 算法）。

1. 信息增益

了解信息增益的变化对"非纯度"的影响，这是基于 ID3 算法构造决策树的核心。信息增益衡量的是两个信息量之间的差值，而信息量可以用信息熵来度量。具体的信息增益的计算过程可以描述为

$$信息增益＝先验熵－条件熵$$

信息增益决定了特征的排序，信息增益越大，该特征就被优先选择。需要注意的是，以"最大信息熵增益"为原则进行特征划分，只能处理离散型特征，以此构造的决策树模型倾向于选择取值较多的特征，这也是采用信息增益带来的缺陷。

2. 信息增益率

为了克服信息增益的缺陷，可以用信息增益率来衡量特征的重要程度。同理，信息增益率越大，该特征就被优先选择。这也正是 C4.5 算法的核心思想。其计算过程可以描述为

$$信息增益率＝信息增益/条件熵$$

采用信息增益率能解决偏向取值较多的属性的问题，另外，它可以处理连续型属性，以及缺失值数据，并且进行树的剪枝。

3. 基尼指数

接下来看信息熵的一种特殊形式——基尼指数。与信息熵的目标一致，基尼指数也是衡量特征组合最佳性的"非纯度"，这一方法是 CART 算法的判定方法之一。CART 算法形成的决策树既可以是一棵分类树，也可以是一棵回归树。基尼指数是 CART 算法构建分类决策树的目标函数，均方误差是 CART 算法构建回归树的目标函数。均方误差不在本章讨论的范围内，读者可以在后续的章节进行学习。

基尼指数是从概率的角度来衡量样本特征组合最佳性的"非纯度"，与信息增益、信息增益率相反，基尼指数越小，特征组合最佳性的"非纯度"越低。同理，基尼指数越大，"非纯度"越高。这也说明了，当样本更容易被分错的时候，描述样本的特征组合更不佳，就需要将不好的特征剔除掉。基尼指数的计算过程可以描述为

$$基尼指数＝样本被选中的概率×样本被分错的概率$$

至此，已经讨论了构建决策树的 3 种不同的目标函数。读者可以结合后续的案例更深入地理解。

3.3 案例 1：鸢尾花分类

3.3.1 案例介绍

案例名称：鸢尾花分类。

案例数据：数据集包含 150 个数据样本、4 类有效特征，分别是花萼长度、花萼宽度、花瓣长度、花瓣宽度。

数据类型：4 个数值类型特征，分类目标鸢尾花的种类是类目型特征。

3.3.2 案例目标

本案例的目标是对鸢尾花进行分类。在这个过程中，会学习鸢尾花数据读取，数据分析，分析结果，可视化数据分析基础知识；学习数据集划分，调用决策树模型，选择决策树不同目标函数，可视化决策树生成过程，应用决策树模型预测鸢尾花的种类等。

3.3.3 案例拆解

案例代码清单 3-3-1

```
# 3-3-1 读入数据
from sklearn.datasets import load_iris
# ds_iris 是从 sklearn.datasets 模块导入的鸢尾花数据集
ds_iris = load_iris()
# 鸢尾花数据集所有特征名称
print("鸢尾花特征名称: %s"% ds_iris.feature_names)
# 鸢尾花数据集所有标签
print("鸢尾花标签: %s"% ds_iris.target_names)
# 查看鸢尾花样本数量
print("鸢尾花样本数量: %s"% len(ds_iris.data))
```

【代码输出】

```
鸢尾花特征名称:
['sepal length (cm)', 'sepal width (cm)', 'petal length (cm)', 'petal width (cm)']
鸢尾花标签: ['setosa''versicolor''virginica']
鸢尾花样本数量: 150
```

案例代码清单 3-3-2

```
# 3-3-2 观察数据
# 查看前 3 行数据
print("前 3 行数据为: \n\r %s"% ds_iris.data[:3])
```

```
#查看标签列的前3个值
print("前3个值为: \n\r %s"% ds_iris.target[:3])

#查看各特征的平均值
print("平均花萼长度%.2f cm"%ds_iris.data[:,0].mean())
print("平均花萼宽度%.2f cm"%ds_iris.data[:,1].mean())
print("平均花瓣长度%.2f cm"%ds_iris.data[:,2].mean())
print("平均花瓣宽度%.2f cm"%ds_iris.data[:,3].mean())
```

【代码输出】

```
前3行数据为:
[[5.1  3.5  1.4  0.2]
 [4.9  3.   1.4  0.2]
 [4.7  3.2  1.3  0.2]]
前3个值为:
[000]

平均花萼长度 5.84cm
平均花萼宽度 3.06cm
平均花瓣长度 3.76cm
平均花瓣宽度 1.20cm
```

案例代码清单 3-3-3

```
#3-3-3 特征平均值可视化
import pandas as pd
import matplotlib.pyplot as plt
#用来正常显示中文标签
plt.rcParams['font.sans-serif']=['SimHei']
#用来正常显示符号
plt.rcParams['axes.unicode_minus']=False

dict_iris_mean ={"平均花萼长度":5.84,"平均花萼宽度":3.05,"平均花瓣长度":3.76,"平
均花瓣宽度":1.20}
df_iris_mean = pd.Series(dict_iris_mean)
fig,ax = plt.subplots(dpi=120)
df_iris_mean.plot.bar(color=['r','g','b','y'],rot=0)
plt.xlabel("所有数据集属性")
plt.ylabel("属性对应长度(cm)")
for ind,val in enumerate(df_iris_mean.items()):
    ax.text(ind-0.1,val[1]+0.05,str(val[1]))
plt.show()
```

【代码输出】

鸢尾花样本属性均值可视化如图 3.2 所示。

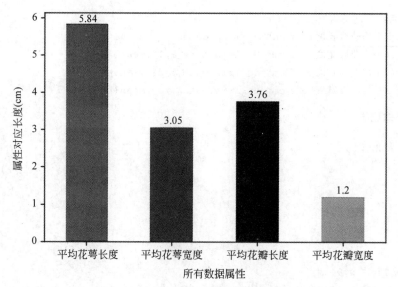

图 3.2 鸢尾花样本属性均值可视化

案例代码清单 3-3-4

```
# 3-3-4 划分数据集
from sklearn.model_selection import train_test_split

# 将数据集的所有特征和标签按训练集占 80%,测试集占 20%比例分割;
# 当 random_state 不等于 None 时表示 train_test_split 执行多次时,划分的数据集的内容
# 相同
X_train,X_test,Y_train,Y_test=train_test_split(ds_iris.data,
                                               ds_iris.target,
                                               test_size=0.2,random_state=0)

print("划分后的训练集样本数量为:%s"% len(X_train))
print("划分后的测试集样本数量为:%s"% len(X_test))
```

【代码输出】

划分后的训练集样本数量为:120
划分后的测试集样本数量为:30

案例代码清单 3-3-5

```
# 3-3-5 选择信息增益为目标函数建立决策树模型
from sklearn.tree import DecisionTreeClassifier
# criterion="entropy"表示使用"熵"也就是信息增益的方式创建决策树对象
```

```
obj_dtc_e = DecisionTreeClassifier(criterion = "entropy")
#使用 X_train,Y_train 拟合决策树模型 obj_dtc_e
obj_dtc_e = obj_dtc_e.fit(X_train,Y_train)
print(obj_dtc_e)
```

【代码输出】

```
DecisionTreeClassifier(class_weight=None, criterion='entropy', max_depth=None,
        max_features=None, max_leaf_nodes=None,
        min_impurity_decrease=0.0, min_impurity_split=None,
        min_samples_leaf=1, min_samples_split=2,
        min_weight_fraction_leaf=0.0, presort=False, random_state=None,
        splitter='best')
```

案例代码清单 3-3-6

```
#3-3-6 选择基尼系数为目标函数建立决策树模型
obj_dtc_g=DecisionTreeClassifier(criterion="gini")
#使用 X_train,Y_train 拟合决策树模型 obj_dtc_g
obj_dtc_g=obj_dtc_g.fit(X_train,Y_train)
print(obj_dtc_g)
```

【代码输出】

```
DecisionTreeClassifier(class_weight=None, criterion='gini', max_depth=None,
        max_features=None, max_leaf_nodes=None,
        min_impurity_decrease=0.0, min_impurity_split=None,
        min_samples_leaf=1, min_samples_split=2,
        min_weight_fraction_leaf=0.0, presort=False, random_state=None,
        splitter='best')
```

案例代码清单 3-3-7

```
#3-3-7 使用准确率指标评估两个模型
from sklearn.metrics import accuracy_score
#使用 obj_dtc_e 对象,预测 X_test 数据
iris_predicted1 = obj_dtc_e.predict(X_test)
##使用 obj_dtc_g 对象,预测 X_test 数据
iris_predicted2 = obj_dtc_g.predict(X_test)
#accuracy_score 可计算所有分类正确的百分比
print('当目标函数为信息增益时,模型准确率为: {:.2f}'.format(accuracy_score(Y_
test, iris_predicted1)))
#accuracy_score 可计算所有分类正确的百分比
print('当目标函数为基尼指数时,模型准确率为: {:.2f}'.format(accuracy_score(Y_
test, iris_predicted2)))
```

【代码输出】

当目标函数为信息增益时,模型准确率为: 1.00

当目标函数为基尼指数时,模型准确率为:1.00

案例代码清单 3-3-8

```
# 3-3-8 可视化决策树
import graphviz
import pydot as pydot
from sklearn import tree
# 绘图说明参考代码 3-1-5
dot_data = tree.export_graphviz(obj_dtc_g, out_file=None,

                    feature_names = ds_iris.feature_names,
                    class_names = ds_iris.target_names,
                    filled = True, rounded = True,
                    special_characters = True)

graph2 = graphviz.Source(dot_data)
graph2
```

【代码输出】

决策树可视化结果如图 3.3 所示。

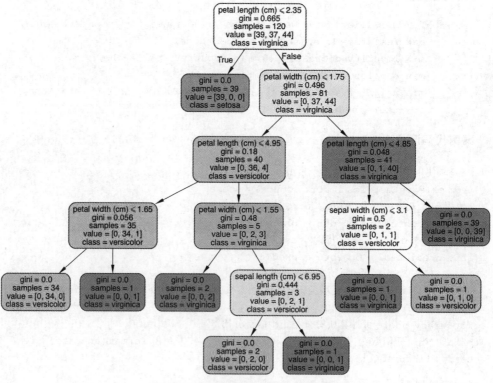

图 3.3　鸢尾花分类决策树可视化图

在 3.2 节中,我们讲解了决策树的目标函数,相信读者现在已经初步掌握了决策树可视化图中的特征排序依据。如图 3.3 所示,按照基尼指数作为判断依据,机器学习了鸢尾花的特征后,对特征进行了排序,基尼指数越小,特征越靠前。

3.4 案例 2:信用卡欺诈预测

3.4.1 案例介绍

案例名称:信用卡欺诈预测。

案例数据:数据集包含百万条数据样本和 11 类有效特征,分别是时间单位(小时)、交易类型、交易金额、交易发起人、交易前发起人账户余额、交易后发起人账户余额、交易收款人、交易前收款人账户余额、交易后收款人账户余额、交易行为是欺诈行为、非法操作。

数据类型:8 个数值类型特征、3 个类目型特征。

3.4.2 案例目标

本案例的目标是对信用卡交易数据进行预测,判定交易类型是否属于欺诈。在这个过程中,将学习信用卡数据采样,数据分析,分析结果,可视化数据分析基本知识;学习数据集划分,调用决策树模型,应用目标函数为基尼指数的决策树模型对信用卡数据进行预测,模型评价,学习参数调整等。

3.4.3 案例拆解

案例代码清单 3-4-1

```
# 3-4-1 读取信用卡数据集
import pandas as pd
df_cc= pd.read_csv("../data/cc_data.csv")
print(df_cc.info())
# 随机抽样 5000 条数据
df_cc_part = df_cc.sample(n=5000)
print("信用卡数据集样本抽取前样本为:%s 条"%len(df_cc))
print("信用卡数据集样本抽取后样本为:%s 条"%len(df_cc_part))
```

【代码输出】

可以使用.info()方法了解数据信息。通过下述输出结果,可以了解到已读取的信用卡数据集共包含 11 个信息,分别是时间单位(小时)、交易类型、交易金额、交易发起人、交易前发起人账户余额、交易后发起人账户余额、交易收款人、交易前收款人账户余额、交易后收款人账户余额、交易行为是欺诈行为、非法操作。其中 8 类数据都是数值型数据,3

类数据是类目型数据（object）。同时，可以了解到数据集的大小是 534.0＋MB。

```
<class 'pandas.core.frame.DataFrame'>
RangeIndex: 6362620 entries, 0 to 6362619
Data columns (total 11 columns):
step              int64
type              object
amount            float64
nameOrig          object
oldbalanceOrg     float64
newbalanceOrig    float64
nameDest          object
oldbalanceDest    float64
newbalanceDest    float64
isFraud           int64
isFlaggedFraud    int64
dtypes: float64(5), int64(3), object(3)
memory usage: 534.0+MB
```

信用卡数据集样本抽取前样本为：6362620 条
信用卡数据集样本抽取后样本为：5000 条

案例代码清单 3-4-2

```
# 3-4-2 观察信用卡数据集
# 我们使用.head()方法观察已经读取的数据,这里的参数默认是 5 行。可以通过指定参数的方
# 式来选择读取的行数,如尝试将 .head()替换成 .head(3)查看输出
print("信用卡数据集前 5 行如下所示: ")
print(df_cc_part.head())
print("信用卡数据表信息如下所示: ")
print(df_cc_part.info())
# 我们使用.describe()方法对数据进行统计学方法分析,如数据的均值、标准差、最大值等
print("信用卡数据集描述性统计信息如下所示: ")
print(df_cc_part.describe())
```

【代码输出】

信用卡数据集前 5 行如图 3.4 所示。

step	type	amount	nameOrig	oldbalanceOrg	newbalanceOrig	nameDest	oldbalanceDest	newbal
596	PAYMENT	1775.87	C1733761902	0.00	0.00	M1227748298	0.00	
538	CASH_OUT	52958.05	C1992475119	51108.00	0.00	C506142753	2588759.47	26
134	CASH_IN	11838.82	C1053507687	6653729.62	6665568.43	C56400022	3280922.17	32
298	CASH_IN	140709.38	C1470340348	24577.00	165286.38	C1423478826	237398.33	
525	CASH_IN	237503.20	C1371366390	13083367.51	13320870.71	C1153359654	1986433.81	17

图 3.4　信用卡数据集前 5 行

信用卡数据集描述性统计信息如图 3.5 所示。

	step	amount	oldbalanceOrg	newbalanceOrig	oldbalanceDest	newbalanceDest	isFraud
count	5000.000000	5.000000e+03	5.000000e+03	5.000000e+03	5.000000e+03	5.000000e+03	5000.00000
mean	245.071400	1.883364e+05	8.328463e+05	8.558180e+05	1.068061e+06	1.208493e+06	0.00100
std	145.937389	7.452459e+05	2.901353e+06	2.938811e+06	2.709547e+06	3.215272e+06	0.03161
min	1.000000	2.100000e-01	0.000000e+00	0.000000e+00	0.000000e+00	0.000000e+00	0.00000
25%	156.000000	1.266956e+04	0.000000e+00	0.000000e+00	0.000000e+00	0.000000e+00	0.00000
50%	249.000000	7.352072e+04	1.411024e+04	0.000000e+00	1.101236e+05	2.062853e+05	0.00000
75%	346.000000	2.058061e+05	1.023603e+05	1.338885e+05	9.312523e+05	1.097385e+06	0.00000
max	718.000000	3.759524e+07	2.926829e+07	2.931429e+07	6.789042e+07	1.054857e+08	1.00000

图 3.5　信用卡数据集描述性统计信息

案例代码清单 3-4-3

```
#3-4-3 引入可视化模块
import matplotlib.pyplot as plt
import seaborn as sns
#用来正常显示中文标签
plt.rcParams['font.sans-serif']=['SimHei']
#用来正常显示符号
plt.rcParams['axes.unicode_minus']=False

%matplotlib inline
```

案例代码清单 3-4-4

```
#3-4-4 交易类型特征分析
#查看所有交易类型分别对应多少条数据
df_cc_type = df_cc_part['type'].value_counts()

print("交易类型值统计结果为: \n\r %s"%df_cc_type)

fig,ax = plt.subplots(dpi=120)
df_cc_type.plot.bar(color=['r','g','b','y'],rot=0)
plt.xlabel("所有交易类型")
plt.ylabel("交易类型对应条数")
for ind,val in enumerate(df_cc_type.items()):
    if ind>2:
        ax.text(ind-0.1,val[1]+0.05,str(val[1]))
    else:
        ax.text(ind-0.175,val[1]+0.05,str(val[1]))
```

【代码输出】

交易类型值统计结果为:

```
CASH_OUT    1727
PAYMENT     1727
CASH_IN     1087
TRANSFER     430
DEBIT         29
Name: type, dtype: int64
```

【代码输出】

交易类型值统计可视化如图3.6所示。

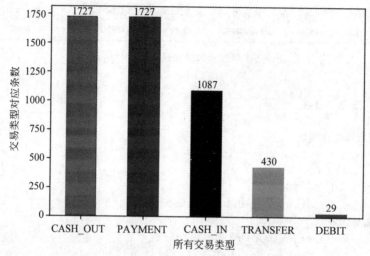

图3.6　信用卡数据交易类型值统计可视化

案例代码清单 3-4-5

```
#3-4-5 查看交易类型和欺诈标记的记录
#查看每个类别是否有诈骗记录存在,统计每个类型对应的有诈骗和没有诈骗的条数
df_cc_type_isFraud = df_cc_part.groupby(['type','isFraud']).size()
print("交易类型包含欺诈的值统计结果为: \n\r%s"%df_cc_type_isFraud)

fig,ax = plt.subplots(dpi=120)
df_cc_type_isFraud.plot(kind='bar',color=['r','g','b','y'],rot=20)
ax.set_xlabel('交易类型与是否为欺诈')
ax.set_ylabel('交易记录数量(条)')

for ind,val in enumerate(df_cc_type_isFraud.items()):
    if val[1] <100:
        ax.text(ind-0.1,val[1]+0.05,str(val[1]))
    elif val[1] <500:
        ax.text(ind-0.16,val[1]+0.05,str(val[1]))
    else:
```

```
ax.text(ind-0.22,val[1]+0.05,str(val[1]))
```

【代码输出】

交易类型包含欺诈的值统计结果为：

type		isFraud
CASH_IN	0	1087
CASH_OUT	0	1724
	1	3
DEBIT	0	29
PAYMENT	0	1727
TRANSFER	0	426
	1	4

dtype: int64

【代码输出】

交易中存在欺诈的值的统计可视化如图 3.7 所示。

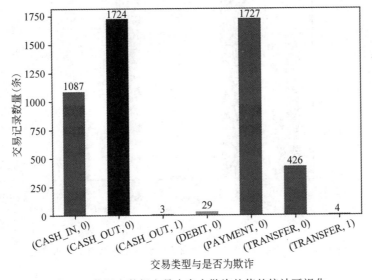

图 3.7　信用卡数据交易中存在欺诈的值的统计可视化

案例代码清单 3-4-6

```
#3-4-6 查看转账类型和商业模型标记的欺诈记录
#查看每个类别是否存在被系统标注为诈骗记录,统计每个类型对应的被系统标注为诈骗和
#没有被标注为诈骗的条数
df_cc_isFlaggedFraud_size = df_cc.groupby(['type', 'isFlaggedFraud']).size()


fig,ax = plt.subplots(dpi=120)
df_cc_isFlaggedFraud_size.plot(kind='bar',color=['r','g','b','y'],rot=20)
```

```
ax.set_xlabel('交易类型与是否为欺诈')
ax.set_ylabel('交易记录数量(条)')

a = df_cc_isFlaggedFraud_size

ax.text(0-0.35,a[0]+10000,str(a[0]))
ax.text(1-0.35,a[1]+10000,str(a[1]))
ax.text(2-0.25,a[2]+10000,str(a[2]))
ax.text(3-0.35,a[3]+10000,str(a[3]))
ax.text(4-0.3,a[4]+10000,str(a[4]))
ax.text(5-0.1,a[5]+10000,str(a[5]))
```

【代码输出】

转账类型和商业模型标记的欺诈记录可视化如图 3.8 所示。

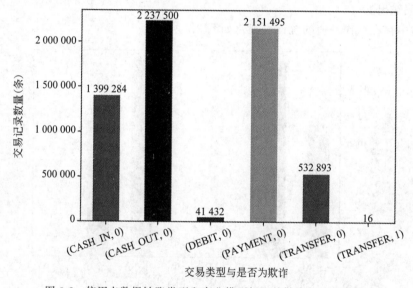

图 3.8　信用卡数据转账类型和商业模型标记的欺诈记录可视化

案例代码清单 3-4-7

```
#3-4-7 对 CASH_OUT 和 TRANSFER 类型的数据进行处理,因为只有这两类记录存在"欺诈"的
#数据
#获取类型为 CASH_OUT 和 TRANSFER 的所有数据
df_used = df_cc[(df_cc['type'] =='TRANSFER') | (df_cc['type'] =='CASH_OUT')]
#将提取后的数据保存为新的文件
df_used.to_csv('../data/used_df.csv')
#查看交易类型这一列数据
print(df_used['type'].head())
```

【代码输出】

```
2      TRANSFER
3      CASH_OUT
15     CASH_OUT
19     TRANSFER
24     TRANSFER
Name: type, dtype: object
```

案例代码清单 3-4-8

```
# 3-4-8 特征编码
# 引入编 sklearn 中的数据预处理模块
from sklearn import preprocessing
# 引入特征编码方法
label_encoder = preprocessing.LabelEncoder()
# 将原来的类别 TRANSFER、CASH_OUT 分别用 0、1 代替
type_category = label_encoder.fit_transform(df_used['type'].values)
df_used['typeCategory'] = type_category
# 查看 typeCategory 这列前 5 个样本数据
print(df_used['typeCategory'].head(5))
# 查看 typeCategory 所有类别分别对应多少条数据
print(df_used['typeCategory'].value_counts())
```

【代码输出】

```
2      1
3      0
15     0
19     1
24     1
Name: typeCategory, dtype: int32
```

【代码输出】

```
0      2237500
1       532909
Name: typeCategory, dtype: int64
```

案例代码清单 3-4-9

```
# 3-4-9 数据平衡
# 统计是诈骗和不是诈骗的记录数量
ser_used_isFraud = df_used['isFraud'].value_counts()
fig,ax = plt.subplots(dpi=120)
ser_used_isFraud.plot(kind = 'pie')
```

```
import numpy as np
#获取欺诈记录样本数
n_isFraud = len(df_used[df_used['isFraud'] ==1])
#获取欺诈记录的索引
nd_ind_isFraud = df_used[df_used['isFraud'] ==1].index.values
#获取非欺诈记录的索引
nd_ind_nofraud = df_used[df_used['isFraud'] ==0].index
#随机选取相同数量的非欺诈记录
nd_ind_random_nofraud = np.random.choice(nd_ind_nofraud, n_isFraud, replace=
False)
#将欺诈索引和非欺诈索引结合
nd_under_sample = np.concatenate([nd_ind_isFraud, nd_ind_random_nofraud])
#使用索引取出对应数据
df_under_sample = df_used.loc[nd_under_sample, :]
#查看 isFraud==0 的数据条数,也就是查看非欺诈数据条数
n_no_fraud = len(df_under_sample[df_under_sample['isFraud'] ==0])
#查看欺诈数据条数
n_is_fraud = len(df_under_sample[df_under_sample['isFraud'] ==1])
print("当前数据集样本比例为%d:1"%(n_no_fraud/n_is_fraud))
```

【代码输出】

采样前信用卡数据集正负样本数比例如图 3.9 所示。

图 3.9　信用卡数据采样前信用卡数据集正负样本数比例

【代码输出】

采样后数据集正负样本比例为 1∶1

案例代码清单 3-4-10

```
#3-4-10 划分数据集
from sklearn.model_selection import train_test_split
feature_names = ['amount', 'oldbalanceOrg', 'newbalanceOrig',
          'oldbalanceDest', 'newbalanceDest', 'typeCategory']


#选择'amount', 'oldbalanceOrg', 'newbalanceOrig', 'oldbalanceDest',
```

'newbalanceDest', 'typeCategory'特征列的数据,存储在 X_undersample
#获取 isFraud 特征列作为标签列
X_undersample=df_under_sample[feature_names].values
Y_undersample=df_under_sample['isFraud'].values

```
print("采样后信用卡数据特征为: \n\r%s"%X_undersample)
print("采样后信用卡数据标签为: \n\r%s"%Y_undersample)
print("采样后样本 shape 为: \n\r")
print(X_undersample.shape, Y_undersample.shape)
```

```
#划分训练集和测试集
X_train, X_test, Y_train, Y_test = train_test_split(X_undersample, Y_undersample,
                                    test_size=0.3, random_state=0)
```

【代码输出】

采样后信用卡数据特征为:

$$
\begin{bmatrix}
[1.81000000e+02 & 1.81000000e+02 & 0.00000000e+00 & 0.00000000e+00 \\
0.00000000e+00 & 1.00000000e+00] \\
[1.81000000e+02 & 1.81000000e+02 & 0.00000000e+00 & 2.11820000e+04 \\
0.00000000e+00 & 0.00000000e+00] \\
[2.80600000e+03 & 2.80600000e+03 & 0.00000000e+00 & 0.00000000e+00 \\
0.00000000e+00 & 1.00000000e+00] \\
\ldots \\
[3.97844100e+04 & 0.00000000e+00 & 0.00000000e+00 & 8.47769280e+05 \\
8.87553700e+05 & 0.00000000e+00] \\
[1.31703310e+05 & 0.00000000e+00 & 0.00000000e+00 & 1.23470132e+06 \\
1.36640462e+06 & 0.00000000e+00] \\
[5.35450690e+05 & 0.00000000e+00 & 0.00000000e+00 & 1.67502509e+06 \\
2.21047578e+06 & 1.00000000e+00]]
\end{bmatrix}
$$

采样后信用卡数据标签为:
[111 ... 000]

采样后样本 shape 为:
(16426, 6) (16426,)

案例代码清单 3-4-11

```
#3-4-11 采用决策树建模
#从 sklearn 的 tree 模块引入决策树分类器
from sklearn.tree import DecisionTreeClassifier
#当不设置参数 criterion 时,表示使用基尼指数方式创建决策树对象
obj_dtc_g = DecisionTreeClassifier()
#使用训练集拟合决策树模型
```

```
obj_dtc_g.fit(X_train, Y_train)
```

【代码输出】

```
DecisionTreeClassifier(class_weight=None, criterion='gini', max_depth=None,
        max_features=None, max_leaf_nodes=None,
        min_impurity_decrease=0.0, min_impurity_split=None,
        min_samples_leaf=1, min_samples_split=2,
        min_weight_fraction_leaf=0.0, presort=False, random_state=None,
        splitter='best')
```

案例代码清单 3-4-12

```
#3-4-12 采用 AUC_ROC 曲线评估模型
#从 sklearn 的 metrics 模块引入 roc_curve, auc 指标
from sklearn.metrics import roc_curve, auc
#使用 predict_proba 预测所有类别的概率值
Y_pred_score = obj_dtc_g.predict_proba(X_test)
print("预测结果的概率矩阵为: \n\r%s"%Y_pred_score)
#使用 roc_curve 来计算 ROC 曲线面积
#fpr 表示增加假阳性率, tpr 表示增加真阳性率, thresholds 表示计算 fpr 和 tpr 的决策函数
#的阈值
fpr, tpr, thresholds = roc_curve(Y_test, Y_pred_score[:, 1])
#auc 函数利用梯形法则计算曲线下面积(AUC)
roc_auc = auc(fpr,tpr)
print("模型 roc_auc 值为: \n\r%s"%roc_auc)
ig,ax = plt.subplots(figsize=(8,6),dpi=120)
plt.plot(fpr, tpr, 'b', label='AUC=%0.2f'%roc_auc)
plt.legend(loc='lower right')
plt.plot([0, 1], [0, 1], 'r--')
plt.xlim([-0.1, 1.1])
plt.ylim([-0.1, 1.1])
plt.ylabel('正样本比例')
plt.xlabel('负样本比例')
plt.grid()
plt.show()
```

【代码输出】

```
预测结果的概率矩阵为:
[[1.0.]
[1.0.]
[0.1.]
...
[1.0.]
[0.1.]
```

[1.0.]]
模型 roc_auc 值为：
0.984431079527297

【代码输出】

模型 AUC_ROC 曲线如图 3.10 所示。

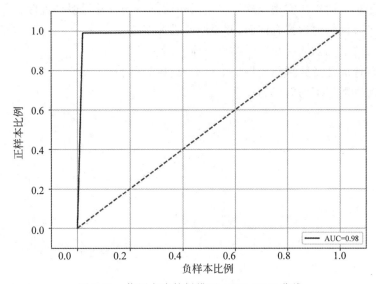

图 3.10　信用卡决策树模型 AUC_ROC 曲线

小结与讨论

　　本章中讨论了决策树的实现过程和决策树的目标函数。决策树的实现过程本质上是在特定的数据特征空间对数据进行划分。划分的过程需要对判定条件进行选择。基于信息熵的知识，因判定条件不一样，从而形成了不同的目标函数。以信息增益为判定条件，就形成了 ID3 算法，以信息增益率为判定条件，就形成了 C4.5 算法。以基尼系数为判定条件，就形成了 CART 的分类树。以误差平方和为判定条件，就形成了 CART 的回归树。总的来看，决策树是基于数据的特征条件发生的概率来进行的。作为机器学习常用的基本方法之一，决策树有其特定的优点和缺点。决策树的优点主要有：①可解释性强，关于这一点，主要体现在，我们常常能够通过可视化的图形直观地理解决策树算法的原理，且很容易推出相应的逻辑表达式。②决策树对数据要求不高，输入决策树模型的数据不需要经过复杂处理，对数据不需要进行复杂的数据处理过程，如在特征工程章节中提到的，且可以同时处理多种属性的数据；易于通过静态测试来对模型进行评测。③表示有可能测量该模型的可信度，在相对短的时间内能够对大型数据源做出可行且效果良好的处理；可以对有许多属性的数据集构造决策树。决策树的缺点主要有：决策树算法容易引起模型过拟合。对于那些各类别样本数量不一致的数据，在决策树当中，信息增益的结果偏向于那些具有更多数值的特征；决策树处理缺失数据时的困难；过度拟合问题的出现；

忽略数据集中属性之间的相关性。我们可以通过裁剪决策树,合并相邻的无法产生大量信息增益的叶节点,消除过度匹配问题。

习题

1. 请运用决策树算法实现原理解释生活中的某一场景并说明合理性。
2. 请思考决策树的过拟合问题,并说明改进方案。
3. 决策树的目标函数有哪些? 结合具体案例演示。
4. 请自行选取任意数据集使用决策树完成目标预测。
5. 如何解决数据不均衡问题?

第 4 章　K 最 近 邻

本章组织：本章介绍基于实例的分类算法——K 最近邻。K 最近邻显著的特点是不建立模型，也就是不需要对输入样本数据进行训练，直接通过观察样本数据就可以完成分类任务。本章一开始引入圆形和三角形的分类案例介绍了 K 最近邻算法的实现原理；接着介绍了帮助我们观察样本数据的两种常见的距离度量方法：欧氏距离和曼哈顿距离；最后通过 O2O 优惠券使用日期预测案例和红酒产地预测案例拆解介绍了 K 最近邻算法的应用方法。

4.1 节介绍 K 最近邻算法的实现过程；

4.2 节介绍两种常见的距离度量方法：欧氏距离、曼哈顿距离；

4.3 节介绍 O2O 优惠券使用日期预测案例；

4.4 节介绍红酒产地预测案例。

引言

"近朱者赤，近墨者黑"是我们常常会描述的一种事物发展现象。在机器学习中，可以通过理解这种现象的方式来理解 K 最近邻算法。顾名思义，K 最近邻算法的本质是在找寻样本彼此之间的"邻居"，即每个样本都可以用它最接近的 K 个邻居来代表。K 最近邻算法对于"邻居"的确定主要通过比较样本之间的距离来实现。在机器学习中，K 最近邻算法是基本且简单的分类与回归方法，属于无参数算法，能够很好地解决无规则分布的数据集。本章将讨论在分类场景和回归场景下 K 最近邻算法的具体应用。

4.1　K 最近邻实现

相比较于第 3 章的决策树算法，K 最近邻算法是机器学习中一种比较简单且容易实现的算法。读者可以通过以下的例子来详细了解 K 最近邻算法实现的原理。通过图 4.1 来直观地理解 K 最近邻。

如图 4.1 所示，可以观察到，该样本数据一共有 12 个，其中，正方形有 6 个，三角形有 5 个，圆有 1 个。假设这是一个分类场景，输出标签只有两类，分别是正方形和三角形。任务的目标是根据已知的 11 个样本（6 个正方形和 5 个三角形）来推测圆形属于正方形和三角形中的哪一类。

直观地看，可以通过统计数字的方式来猜测未知的圆形样本属于哪一类。在图中实线圆的样本空间中，正方形的数量是 1，三角形的数量是 2。很明显，三角形的数量要多于正方形，因此，可以猜测未知圆形样本属于三角形这一类。然而，当选择以虚线圆为样本空间时，猜测结果就发生了改变。经过观察，正方形的样本数量变为 3，三角形的样本数量未发生变化。因此，按照上述逻辑，未知的圆形样本属于正方形。在这个过程中，我们

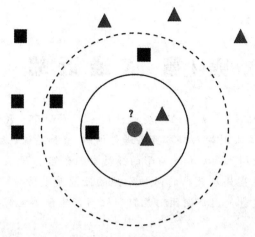

图 4.1　K 最近邻示例

会发现,距离圆形样本最近的样本数量从 3 个变成了 5 个,结果却截然不同。基于这种类似的思想,产生了 K 最近邻算法。

在上述例子中可以看到,在不同的样本空间中,距离未知样本最近的邻居的个数发生了变化。据此,可以理解邻居的个数深刻影响着未知样本的归属。结合前面章节所讲的内容,我们知道,单一样本可以由特征集进行描述。这也就意味着,可以通过一种方式来衡量不同特征集之间位置的远近。接下来,根据确定的 K 值即邻居的个数来统计最近的特征集的数量,即可推测出未知样本的特征集属于哪一个类别。

按照这一逻辑,可以这样简单地总结 K 最近邻算法的实现过程。首先,机器根据某一方式来计算输入的样本数据的特征集之间的距离,其次确定 K 值,最后按照 K 值统计样本的邻居个数进行分类。简言之,K 最近邻算法的实现过程为:计算距离、选择 K 值、样本分类。

下面通过一段代码来理解 K 最近邻算法的实现过程。

通过调用 K 最近邻分类器来实现。

```
In [1]: from sklearn.neighbors import KNeighborsClassifier
```

通过自定义列表的方式生成数据集,x 代表特征集,y 代表标签。

```
In [2]: x = [[1], [2], [3], [4]]
        y = [0, 0, 1, 1]
```

将 K 值设定为 3,定义分类器。

```
In [3]: neig = KNeighborsClassifier(n_neighbors=3)
```

将数据输入模型。

```
In [4]: neig.fit(x,y)
Out[4]: KNeighborsClassifier()
```

调用训练好的模型对新的样本进行预测。

```
In [5]: neig.predict([[2.9]])
Out[5]: array([1])
In [6]: neig.predict_proba([[3.4]])
Out[6]: array([[ 0.33333333, 0.66666667]])
In [7]: y_test = [1, 0, 1, 0]
In [8]: score = neig.score(x, y_test)
In [9]: score
Out[9]: 0.5
```

通过上述代码,从算法应用的角度初步了解了 K 最近邻算法的实现过程,4.2 节中将重点学习 K 最近邻算法中的特征集距离度量方式。

4.2　距离度量

在 4.1 节的学习中,了解到影响 K 最近邻算法的预测结果有几个关键的因素。其中一个就是度量样本特征集之间的距离的方式。在机器学习中,将这种度量方式称为距离度量。距离度量的目的是计算样本之间的远近,其依据正是描述样本的特征集之间的距离大小,本质上是一种数学计算方法。

数学意义上,距离度量常见的几种方法包括欧氏距离、曼哈顿距离、切比雪夫距离、闵可夫斯基距离、马氏距离等。限于篇幅,本节重点介绍欧氏距离和曼哈顿距离的原理及应用,读者可以根据需要对后面几种距离度量方式自行扩展学习。

1. 欧氏距离

在数学中,欧氏距离是指欧几里得距离或欧几里得度量,表示欧氏空间中两点间的“普通”(即直线)距离。使用这个距离,欧氏空间成为度量空间。欧氏距离的计算结果如图 4.2 所示。

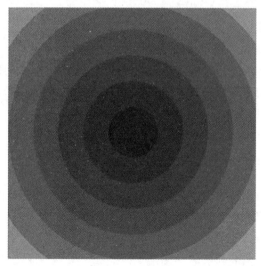

图 4.2　欧氏距离

2. 曼哈顿距离

曼哈顿距离,也称为计程车几何(Taxicab Geometry)或方格线距离,是由19世纪的赫尔曼·闵可夫斯基所创词汇,为欧几里得几何度量空间的几何学之用语,用以标明两个点在标准坐标系上的绝对轴距之总和。曼哈顿距离的计算结果如图4.3所示。

图 4.3　曼哈顿距离

4.3　案例1:O2O优惠券使用日期预测

4.3.1　案例介绍

案例名称:O2O优惠券使用日期预测。

案例数据:数据集包含了7个有效特征,分别是用户ID、商家ID、优惠券ID、优惠率、用户距离经常活动的门店的距离、领取优惠券日期、消费使用优惠券日期。

数据类型:4个数值型数据、3个类目型数据。

4.3.2　案例目标

本案例的目标是对用户在线下商家领取优惠券的相关信息数据进行分析,最终预测用户是否会在领取优惠券的15日内使用优惠券。在这个过程中,将学习对电商数据读取、数据分析、数据编码、调用最近邻算法模型、使用最近邻算法内置评分对模型进行评分、观察 K 值变化后模型准确率的变化。

4.3.3 案例拆解

案例代码清单 4-3-1

#4-3-1 读取 O2O 优惠券使用日期数据集
import pandas as pd
df_coupon = pd.read_csv('../data/yhq_df.csv')
#查看数据集前 5 个样本
df_coupon.head()
#查看数据表信息
df_coupon.info()

【代码输出】

O2O 优惠券使用日期数据前 5 个样本数据如图 4.4 所示。

User_id	Merchant_id	Coupon_id	Discount_rate	Distance	Date_received	Date	Date2	Distance_-1	...	Distance_1	Distance_10	Distance_2	Distance_3
34286	2241	4930	17	1	20160528	NaN	0	0	...	1	0	0	0
34286	1275	3877	27	0	20160613	NaN	0	0	...	0	0	0	0
34286	1275	3877	27	0	20160516	20160613.0	1	0	...	0	0	0	0
48268	220	678	37	0	20160530	NaN	0	0	...	0	0	0	0
48268	3105	5687	27	0	20160519	NaN	0	0	...	0	0	0	0

图 4.4   O2O 优惠券使用日期数据前 5 个样本数据

【代码输出】

```
<class 'pandas.core.frame.DataFrame'>
RangeIndex: 258446 entries, 0 to 258445
Data columns (total 21 columns):
Unnamed: 0        258446 non-null int64
User_id           258446 non-null int64
Merchant_id       258446 non-null int64
Coupon_id         258446 non-null int64
Discount_rate     258446 non-null int64
Distance          258446 non-null int64
Date_received     258446 non-null int64
Date              26511 non-null float64
Date2             258446 non-null int64
Distance_-1       258446 non-null int64
Distance_0        258446 non-null int64
Distance_1        258446 non-null int64
Distance_10       258446 non-null int64
Distance_2        258446 non-null int64
Distance_3        258446 non-null int64
Distance_4        258446 non-null int64
Distance_5        258446 non-null int64
```

```
Distance_6        258446 non-null int64
Distance_7        258446 non-null int64
Distance_8        258446 non-null int64
Distance_9        258446 non-null int64
dtypes: float64(1), int64(20)
memory usage: 41.4MB
```

案例代码清单 4-3-2

```
#4-3-2 观察数据
#查看 Coupon_id 特征列的所有类别的数量, 即所有使用的优惠券类型 ID 对应的数量
df_coupon['Coupon_id'].value_counts()[:5]

#统计不同日期使用的不同优惠券数量
df_coupon.groupby(['Coupon_id', 'Date']).size()

#查看日期为空的实例条数
df_coupon.Date[df_coupon.Date.notnull()].size
```

【代码输出】

```
1038      29284
678       11728
1015      7880
4930      7730
712       7490
Name: Coupon_id, dtype: int64
```

```
#统计不同日期使用的不同优惠券数量
Coupon_id  Date
1          20160602.0    1
3          20160622.0    1
           20160623.0    1
10         20160518.0    1
           20160519.0    2
                       ..
14018      20160529.0    1
14019      20160525.0    1
           20160527.0    1
           20160601.0    2
14038      20160612.0    1
Length: 13686, dtype: int64
```

```
#查看日期为空的实例条数
26511
```

案例代码清单 4-3-3

```
# 4-3-3 数据编码
# 获取 Date 特征列的值, 将有日期的改为 1, 为空的改为 0, 将结果保存到 Date2 特征列
df_coupon['Date'].fillna(0,inplace=True)
df_coupon['Date2'] = df_coupon['Date'].apply(lambdax: 0ifx = = 0else1)
# Date2 特征列的不同类别对应总数量
df_coupon['Date2'].value_counts()
```

【代码输出】

```
0    231935
1     26511
Name: Date2, dtype: int64
```

案例代码清单 4-3-4

```
# 4-3-4 Distance 特征处理
# 将 Distance 特征列的空值替换为 -1
df_coupon['Distance'].fillna(-1,inplace=True)
print(df_coupon['Distance'].value_counts()[:5])
# 将 Distance 特征列进行 onehot 编码, 生成的列名以 Distance 作为前缀
dummies = pd.get_dummies(df_coupon['Distance'], prefix='Distance')
# 将如上生成 onehot 的数据追加到之前的数据中
df_coupon = df_coupon.join(dummies)
```

【代码输出】

```
0    114043
1     42349
-1    29840
10    19229
2     17211
Name: Distance, dtype: int64
```

案例代码清单 4-3-5

```
# 4-3-5 满减特征编码
from sklearn.preprocessing import LabelEncoder
obj_le = LabelEncoder()
var_to_encode = ['User_id','Merchant_id','Coupon_id','Discount_rate']
# 分别将 'User_id','Merchant_id','Coupon_id','Discount_rate' 特征列的值转换为 0 至
# 各自特征列类别数 -1 的值
for col in var_to_encode:
    df_coupon[col] = obj_le.fit_transform(df_coupon[col])
df_coupon['Discount_rate'].head()
```

【代码输出】

```
0    17
1    27
2    27
3    37
4    27
Name: Discount_rate, dtype: int64
```

案例代码清单 4-3-6

```
#4-3-6 删除多余特征
list_feature_out=['Date_received','Date','Coupon_id','Distance']
#删除'Date_received','Date','Coupon_id','Distance'四个特征列的数据
df_coupon_part=df_coupon.drop(list_feature_out, axis=1)
```

案例代码清单 4-3-7

```
#4-3-7 划分数据集
from sklearn.model_selection import train_test_split
f_target = df_coupon['Date2']
df_coupon_part = df_coupon_part.drop('Date2', axis=1)
#划分训练集和测试集,划分比例为 8∶2
X_train, X_test, Y_train, Y_test=train_test_split(
            df_coupon_part, df_target, test_size=0.20, random_state=0)
```

案例代码清单 4-3-8

```
#4-3-8 建立 K 最近邻算法模型
from sklearn.neighbors import KNeighborsClassifier
#创建一个获取附近 7 个点的 K 近邻分类器对象 obj_knn
obj_knn = KNeighborsClassifier(n_neighbors=7)
#使用训练集和训练集对应的标签拟合 KNN 模型
obj_knn.fit(X_train, Y_train)
```

【代码输出】

```
KNeighborsClassifier(algorithm='auto', leaf_size=30, metric='minkowski',
            metric_params=None, n_jobs=None, n_neighbors=7, p=2,
            weights='uniform')
```

案例代码清单 4-3-9

```
#4-3-9 模型评价
#查看在训练集上的得分
obj_knn.score(X_train,Y_train)
#查看在测试集上的得分
```

```
obj_knn.score(X_test,Y_test)
```

【代码输出】

```
0.9070740389638028
0.8967111627007158
```

案例代码清单 4-3-10

```
# 4-3-10 寻找最佳 K 值
import matplotlib.pyplot as plt
import seaborn as sns
# 用来正常显示中文标签
plt.rcParams['font.sans-serif']=['SimHei']
# 用来正常显示符号
plt.rcParams['axes.unicode_minus']=False

%matplotlib inline

training_accuracy=[]
test_accuracy=[]
neighbors_settings=range(1,15)

for n_neighborsinneighbors_settings:
    # build the model
    obj_knn= KNeighborsClassifier(n_neighbors=n_neighbors)
    obj_knn.fit(X_train,Y_train)
    # record training set accuracy
    training_accuracy.append(obj_knn.score(X_train,Y_train))
    # record test set accuracy
    test_accuracy.append(obj_knn.score(X_test,Y_test))

fig,ax = plt.subplots(dpi=120)
plt.rcParams['font.sans-serif']=['Arial Unicode MS']      # 用来正常显示中文标
                                                          # 签 SimHei
plt.rcParams['axes.unicode_minus']=False                  # 用来正常显示负号

plt.plot(neighbors_settings,training_accuracy,label="训练集精确度(Accuracy)")
plt.plot(neighbors_settings,test_accuracy,label="测试集精确度(Accuracy)")
plt.ylabel("精确度(Accuracy)")
plt.xticks(range(1,15))
plt.xlabel("K 的值")
plt.legend()
```

【代码输出】

最佳 *K* 值可视化如图 4.5 所示。

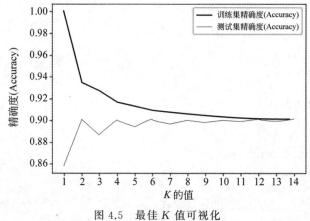

图 4.5 最佳 K 值可视化

4.4 案例 2：葡萄酒原产地预测

4.4.1 案例介绍

案例名称：葡萄酒原产地预测。

案例数据：数据集包含葡萄酒 13 种化学成分和原产地标签。

4.4.2 案例目标

本案例的目标是应用 K 最近邻算法依据葡萄酒化学成分对葡萄酒按原产地分类。完成葡萄酒数据读入与观察、葡萄酒数据分析及结果可视化、使用内嵌法选择特征及结果可视化、K 最近邻调型预测与模型评价。

4.4.3 案例拆解

案例代码清单 4-4-1

```
#4-4-1 读取葡萄酒产地数据集
import numpy as np
import pandas as pd

#定义特征名称列表
names = ['origin','v1','v2','v3','v4','v5', 'v6','v7','v8',
        'v9','v10','v11','v12','v13']
#读取葡萄酒产地数据集指定新列名
df_wine = pd.read_csv("../data/wine.csv", names = names)
```

```
#查看葡萄酒产地数据集前 5 个样本
df_wine.head()
#查看数据表信息
df_wine.info()
```

【代码输出】

葡萄酒产地数据集前 5 个样本如图 4.6 所示。

	origin	v1	v2	v3	v4	v5	v6	v7	v8	v9	v10	v11	v12	v13
0	1	14.23	1.71	2.43	15.6	127	2.80	3.06	0.28	2.29	5.64	1.04	3.92	1065
1	1	13.20	1.78	2.14	11.2	100	2.65	2.76	0.26	1.28	4.38	1.05	3.40	1050
2	1	13.16	2.36	2.67	18.6	101	2.80	3.24	0.30	2.81	5.68	1.03	3.17	1185
3	1	14.37	1.95	2.50	16.8	113	3.85	3.49	0.24	2.18	7.80	0.86	3.45	1480
4	1	13.24	2.59	2.87	21.0	118	2.80	2.69	0.39	1.82	4.32	1.04	2.93	735

图 4.6 葡萄酒产地数据集前 5 个样本

【代码输出】

```
<class 'pandas.core.frame.DataFrame'>
RangeIndex: 178 entries, 0 to 177
Data columns (total 14 columns):
origin      178 non-null int64
v1          178 non-null float64
v2          178 non-null float64
v3          178 non-null float64
v4          178 non-null float64
v5          178 non-null int64
v6          178 non-null float64
v7          178 non-null float64
v8          178 non-null float64
v9          178 non-null float64
v10         178 non-null float64
v11         178 non-null float64
v12         178 non-null float64
v13         178 non-null int64
dtypes: float64(11), int64(3)
memory usage: 19.6KB
```

案例代码清单 4-4-2

```
#4-4-2 观察样本标签
#查看 origin 特征列不同类别分别对应的数量,即不同产地分别对应的数量
print(df_wine['origin'].value_counts())

#引入可视化模块
```

```
import matplotlib.pyplot as plt
#用来正常显示中文标签
plt.rcParams['font.sans-serif']=['SimHei']
#用来正常显示符号
plt.rcParams['axes.unicode_minus']=False

%matplotlib inline

fig,ax = plt.subplots(dpi=120)

df_wine['origin'].value_counts().plot(kind='bar',color=['r','g','b','y'],
rot=0)

plt.xlabel('葡萄酒产地')
plt.ylabel('数量')

vals = df_wine['origin'].value_counts()

ax.text(0-0.04,vals[2]+0.3,str(vals[2]))
ax.text(1-0.04,vals[1]+0.3,str(vals[1]))
```

【代码输出】

```
2    71
1    59
3    48
Name: origin, dtype: int64
```

【代码输出】

葡萄酒产地数据集标签值可视化如图4.7所示。

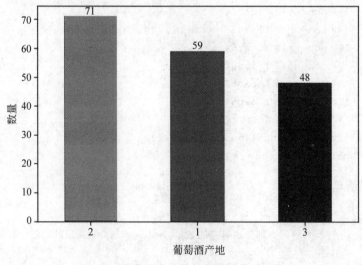

图 4.7　葡萄酒产地数据集标签值可视化

案例代码清单 4-4-3

4-4-3 特征与标签的盒装图和散点图分析
```
import seaborn as sns
x = df_wine['origin']

for ind,i in enumerate(df_wine.iloc[:,1:].columns):
    fig,ax = plt.subplots(dpi=120)
    y = df_wine[i]
    sns.boxplot(x,y)
    ax = sns.boxplot(x='origin', y=i, data=df_wine)
    ax = sns.stripplot(x='origin', y=i, data=df_wine, jitter=True, edgecolor=
"gray")
    plt.title("origin-"+str(ind+1),y=-0.2)
    plt.show()
```

【代码输出】

特征与标签的盒装图和散点图分析如图 4.8 所示。

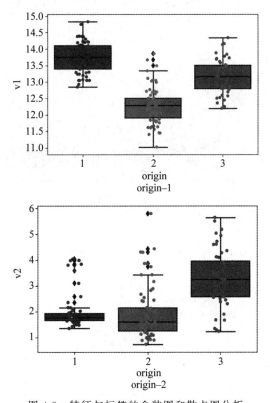

图 4.8　特征与标签的盒装图和散点图分析

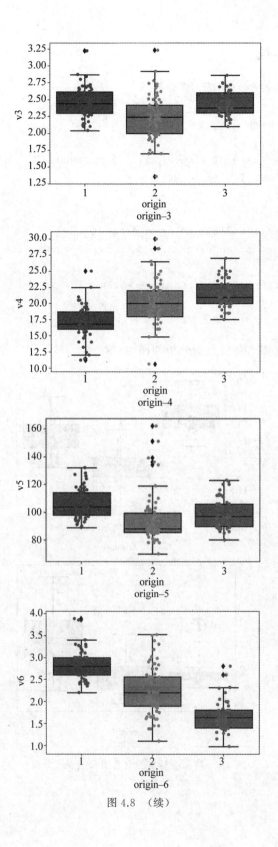

图 4.8 （续）

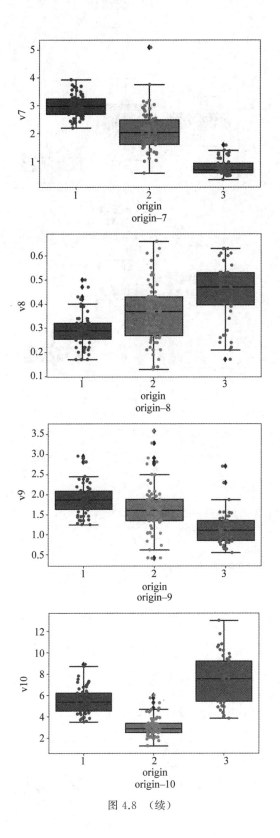

图 4.8 （续）

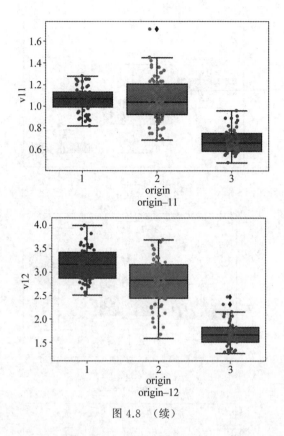

图 4.8 （续）

案例代码清单 4-4-4

```
#4-4-4 特征与标签相关系数的热力图分析
fig,ax = plt.subplots(dpi=120)
#相关系数的热力图
sns.heatmap(df_wine.corr())
```

【代码输出】

特征与标签相关系数的热力图分析如图 4.9 所示。

案例代码清单 4-4-5

```
#4-4-5 通过随机森林特征重要性筛选特征
from sklearn.tree import DecisionTreeClassifier
from sklearn.ensemble import RandomForestClassifier

#删除 origin 特征列,并作为特征数据集
X_ds=df_wine.drop(['origin'], axis=1)
#将 origin 特征列作为标签数据集
Y_ds=df_wine['origin']
```

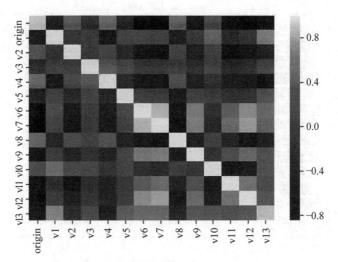

图 4.9　特征与标签相关系数的热力图分析

```python
def Feature_Select(X, y):
    fig, ax = plt.subplots(dpi=120)

    features_name = X.columns
    # 创建一个 10000 棵树（估算器）的随机森林对象 obj_rfr
    obj_rfc = RandomForestClassifier(oob_score=True, n_estimators=10000)
    obj_rfc.fit(X, y)
    feature_importance = obj_rfc.feature_importances_
    feature_importance = 100.0 * (feature_importance/feature_importance.max())
    fi_threshold = 0
    important_idx = np.where(feature_importance > fi_threshold)[0]
    important_features = features_name[important_idx]
    sorted_idx = np.argsort(feature_importance[important_idx])[::-1]
    pos = np.arange(sorted_idx.shape[0]) + .5
    plt.barh(pos, feature_importance[important_idx][sorted_idx[::-1]],
            color='r', align='center')
    plt.xlabel('不纯度的百分比值')
    plt.ylabel("特征列")
    plt.yticks(pos, important_features[sorted_idx[::-1]])
    for ind, val in enumerate(feature_importance[idx][sorted_idx[::-1]]):
        if val==100:
            ax.text(val, ind+0.3, str(int(val)))
        else:
            ax.text(val, ind+0.3, str(round(val, 3)))
    plt.show()
Feature_Select(X_ds, Y_ds)
```

【代码输出】

特征重要性可视化如图 4.10 所示。

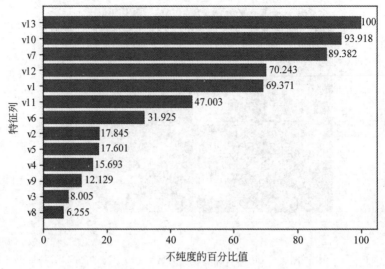

图 4.10 特征重要性可视化

案例代码清单 4-4-6

```
# 4-4-6 划分数据集
#从 sklearn 的 model_selection 模块引用划分数据集方法
from sklearn.model_selection import train_test_split
from sklearn.model_selection import cross_val_score

X_train,X_test,Y_train,Y_test=train_test_split(X_ds,Y_ds,
                              test_size=0.2,random_state=0)

print(X_train.shape, Y_train.shape)
```

【代码输出】

```
(142, 13) (142,)
```

案例代码清单 4-4-7

```
# 4-4-7 数据二值化
from sklearn.preprocessing import MinMaxScaler
#归一化处理,参考特征工程章节对 MinMaxScaler 的介绍
obj_mms=MinMaxScaler()
X_train=obj_mms.fit_transform(X_train)
X_test=obj_mms.transform(X_test)
print(X_train)
```

【代码输出】

```
[[0.71505376  0.51323829  0.6344086  ... 0.35897436  0.2014652  0.31026253]
```

```
[0.44623656  0.16089613  0.48387097 ... 0.35897436  0.28937729  0.16308671]
[0.15860215  0.25458248  0.49462366 ... 0.52991453  0.61904762  0.04375497]
 ...
[0.37365591  0.17718941  0.44623656 ... 0.44444444  0.61904762  0.04375497]
[0.77150538  0.19144603  0.40860215 ... 0.31623932  0.75457875  0.55290374]
[0.84139785  0.3604888   0.60215054 ... 0.06837607  0.16117216  0.29435163]]
```

案例代码清单 4-4-8

```
#4-4-8 建模并评估模型
#引入 K 最近邻算法模型
from sklearn.neighbors import KNeighborsClassifier
#创建一个默认获取附近 5 个点的 K 最近邻分类器对象 obj_clf
obj_clf=KNeighborsClassifier()

#使用特征数据和标签数据，训练拟合 K 最近邻模型 obj_clf
obj_clf.fit(X_train,Y_train)

#计算在测试集上的得分
print("当前模型在测试集上的得分为: %s"%round(obj_clf.score(X_test,Y_test),3))
```

【代码输出】

当前模型在测试集上的得分为: 0.972

小结与讨论

本章中讨论了 *K* 最近邻算法的实现过程、距离度量的方式。需要注意的是，实现 *K* 最近邻法时，主要考虑的问题是如何对训练数据进行快速 *K* 最近邻搜索，这一点在特征空间的维数大小及训练数据容量大时尤其重要。相比其他机器学习算法，*K* 最近邻有其独有的优势：简单，易于理解，易于实现，无须估计参数，无须训练；适合对稀有事件进行分类；特别适合于多分类问题。*K* 最近邻的缺点是：懒惰算法，对测试样本分类时的计算量大，内存开销大，评分慢；可解释性较差，无法给出决策树那样的规则；*K* 最近邻算法中没有训练过程，其分类方式就是寻找训练集附近的点，所以带来的一个缺陷就是计算代价非常高，但是其思想实际上却是机器学习中普适的。

习题

1. 常见的距离度量方式有哪些？请分别解释。
2. 请通过实例说明影响 *K* 最近邻算法的重要值有哪些？
3. 通常划分数据集的方式有哪些？
4. 请选取数据集应用 *K* 最近邻算法进行目标预测。
5. 适用于 *K* 最近邻算法模型的评价指标有哪些？

第 5 章　支持向量机

本章组织：本章介绍解决二分类问题的经典模型：支持向量机。首先从间隔的定义出发来理解支持向量机的建模动机，并基于最大间隔思路介绍支持向量机模型的主要建模方法。其次，结合谷歌股价预测的小样本数据案例来讨论支持向量机的核技巧。最后，通过地铁人流量预测案例和手写数字识别案例拆解演示支持向量机的应用技巧。

5.1 节介绍支持向量机建模思路；

5.2 节介绍支持向量机的核技巧；

5.3 节介绍地铁人流量预测案例；

5.4 节介绍手写数字识别案例。

引言

在机器学习中，对于分类问题尤其是二分类问题的处理，人们总希望能找到一条最恰当的直线来划分数据集，而这样存在的直线会有很多条。如果能从数据中直接提取判别函数，计算函数的速度是比搜索快的，我们将这个函数称为超曲面，或者说决策曲面。由此产生了有训练过程的支持向量机方法（Support Vector Machines，SVM），主要用于解决模式识别领域中的数据分类问题。SVM 要解决的问题可以用一个经典的二分类问题加以描述。支持向量机的核技巧使它成为实质上的非线性分类器。支持向量机的学习策略就是间隔最大化。

5.1　SVM 建模思路

SVM 是机器学习中解决二分类问题的经典模型，首先来了解 SVM 的产生过程。SVM 最早在 20 世纪 90 年代由 Vapnik 等人提出，在深度学习时代（2012 年）之前，SVM 被认为是机器学习中近十几年来最成功、表现最好的算法。下面以手写字符识别为例，说明这一情况。手写数字识别样本如图 5.1 所示。

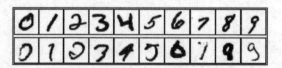

图 5.1　手写数字识别样本

SVM 在手写字符识别上，测试误差仅为 1.1％（1994 年）。

1998 年，Yann LeCun 发明了 LeNet 卷积神经网络结构，对于包含两个隐含层的 LeNet，手写字符识别的测试误差为 0.9％。

2012 年,进入深度学习时代。针对手写字符识别问题,最近的卷积神经网络模型,测试误差大约为 0.6%。

从这三组数据来看,SVM 的表现还是非常强劲的,仅比当前性能最好的深度神经网络模型低了 0.5% 的精度。

支持向量机是解决二分类任务的经典模型,其建模的动机在于间隔的定义。接下来先来看间隔的定义。首先假设,针对二分类问题,给定线性可分的训练样本,可以找到多个超平面将训练样本分开。例如,以如图 5.2 所示的二维数据为例说明这一问题。在该例子中,假设实心点表示的数据代表一类,空心点表示的数据代表另外一类。既可以使用绿色直线将实心点和空心点分开,也可以使用红色的直线将实心点和空心点分开,还可以使用蓝色的直线将实心点和空心点分开。有这么多的分类面,该选择哪一个呢?直观上来看,红色的分类面既离空心点比较远,又离实心点比较远,因此该划分平面对训练样本局部扰动的容忍性最好,所以可以认为它比红色和蓝色的分界面要好。为了对好的分类面进行客观评价,定义线性分类器的"间隔"。

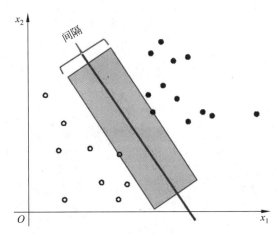

图 5.2 线性分类器的"间隔"

间隔是以分类面为中心平行面,到击中边界可以增加的宽度。因此间隔可以理解为,两类数据之间的距离。显然间隔越大,分类超平面产生的分类结果越鲁棒,对未见样本的泛化能力越强。因此,基于这一事实,线性可分支持向量机选择具有"最大间隔"的分类超平面。

利用间隔的定义,现在正式来看支持向量机的建模思路。在前面部分讲到支持向量机选择具有最大间隔的分类面。那么最大间隔是由什么来决定的?显然是由边界点来决定,因为边界点到分类面的距离之和,就是间隔的定义。所以线性可分支持向量机的核心是:通过边界点,学习一个具有最大间隔的划分超平面。这是因为最大间隔边界面通常对训练样本的局部噪声容忍性好,对未见样本的泛化能力强。

现在解释一下支持向量机的含义。支持向量机中的支持向量是什么意思呢?支持向量实际上是边界面上的样本点,指的是离分类面最近,且平行于分类面的超平面上的边界样本。如图 5.3 所示,可以把距离分类面最近的实心点和空心点称为支持向量。对应地,与分类面平行,且穿过支持向量的平面称为支持面,如图 5.4 所示。

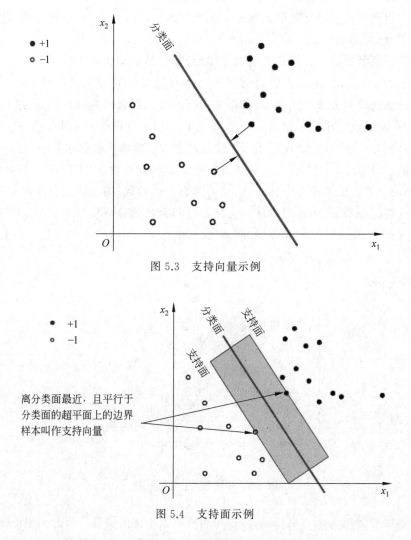

图 5.3　支持向量示例

图 5.4　支持面示例

基于此,可以理解若分类结果是 +1 类,那么支持向量实心点距离支持平面的距离就大于 +1;若分类结果是 −1 类,那么支持向量空心点距离支持平面的距离就小于 −1。也就是说,支持向量机在建模的过程中是通过支持向量距离支持平面的最大间隔来将输入数据强制分为两个类别。具体的建模过程涉及数学内容,本节中不再讨论,感兴趣的读者可以深入学习。

5.2　核技巧

在 5.1 节中,已经学习了支持向量机的建模思路。事实上,可以将支持平面看作是一个线性函数,假定训练样本是线性可分的。然而很多情况下原始数据并不能线性可分,即由于噪声、异常值等因素,不存在这样的超平面将正类样本和负类样本完全分开,例如,如图 5.5 所示的这个例子。

　　少量的负类样本混淆在正类样本的分布中,而且也有少量的正类分布在负类样本中间。那么对于这种情况,应该如何建模呢? 这一节来讨论支持向量机的一个重要创新:核技巧。

　　核技巧是将原始数据的特征空间的数据映射到一个更高维的特征空间,这样就很好地解决了线性不可分的问题。例如,对这里的 1 维数据 x 引入核技巧,也就是将 1 维数据 x 求平方,这样一来在 2 维空间中,数据就变得线性可分了。分类效果如图 5.6 所示。

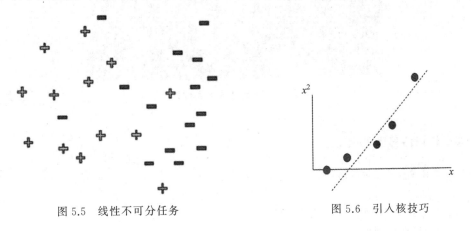

图 5.5　线性不可分任务　　　　　　图 5.6　引入核技巧

　　实质上,核技巧是在采用不同的核函数。常用的核函数有线性核函数、多项式核函数、拉普拉斯核函数。仅从应用的角度出发,只需要借助一些先验知识选择核函数即可。例如,针对图像分类问题,通常使用高斯核;而针对文本分类问题,则通常使用线性核。线性核的分类效果如图 5.7 所示,非线性核的分类效果如图 5.8 所示。

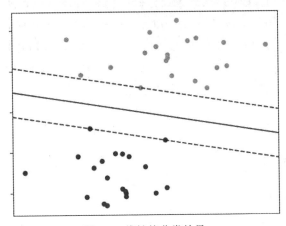

图 5.7　线性核分类效果

　　下面通过实例来了解核函数下支持向量机的分类效果。

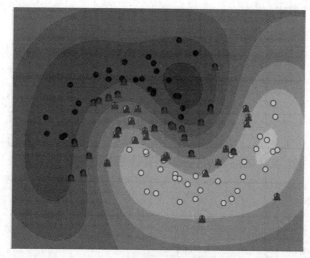

图 5.8　非线性核分类效果

案例代码清单 5-2-1

5-2-1 读取谷歌股价数据
```
import pandas as pd
df_google = pd.read_csv('../data/goog.csv')
df_google.head()
```

【代码输出】

谷歌股价数据集前 5 个样本如图 5.9 所示。

	Date	Open	High	Low	Close	Volume
0	26-Feb-16	708.58	713.43	700.86	705.07	2239978
1	25-Feb-16	700.01	705.98	690.58	705.75	1631855
2	24-Feb-16	688.92	700.00	680.78	699.56	1958611
3	23-Feb-16	701.45	708.40	693.58	695.85	1999699
4	22-Feb-16	707.45	713.24	702.51	706.46	1946067

图 5.9　谷歌股价数据集前 5 个样本

案例代码清单 5-2-2

5-2-2 时间数据处理
转换为数字日期格式
```
df_google['Date']=pd.to_datetime(df_google['Date'])
print(df_google['Date'][:5])
```

把日期中的 '日' 取出存入 Day 特征列

```
df_google['Day'] = pd.DatetimeIndex(df_google['Date']).day
print(df_google['Day'][:5])
```

【代码输出】

时间特征前 5 个样本：

```
0    2016-02-26
1    2016-02-25
2    2016-02-24
3    2016-02-23
4    2016-02-22
Name: Date, dtype: datetime64[ns]
```

处理后的时间特征前 5 个样本：

```
0    26
1    25
2    24
3    23
4    22
Name: Day, dtype: int64
```

案例代码清单 5-2-3

```
#5-2-3 拆分特征和标签
#将 Day 列作为特征列
X_ds = df_google['Day'].values.reshape(-1, 1)
print("前 5 个样本的特征为：\n\r%s"%X_ds[:5])

#将 Open 列作为标签列
Y_ds = df_google['Open'].values.reshape(-1, 1)
print("前 5 个样本的标签为：\n\r%s"%Y_ds[:5])
```

【代码输出】

前 5 个样本的特征为：

```
[[26]
 [25]
 [24]
 [23]
 [22]]
```

前 5 个样本的标签为：

```
[[708.58]
 [700.01]
 [688.92]
 [701.45]
 [707.45]]
```

案例代码清单 5-2-4

```
#5-2-4 引入支持向量机模型
from sklearn.svm import SVR

#创建线性核函数的支持向量机对象,并执行拟合操作
svr_lin = SVR(kernel='linear', C=1e3)
print("线性核函数的支持向量机对象: \n\r%s"%svr_lin.fit(X_ds, Y_ds))

#创建高斯核函数的支持向量机对象,并执行拟合操作
svr_rbf = SVR(kernel='rbf', C=1e3, gamma=0.1)
print("高斯核函数的支持向量机对象: \n\r%s"%svr_rbf.fit(X_ds, Y_ds))

#创建多项式核函数的支持向量机对象,并执行拟合操作
svr_poly = SVR(kernel='poly', C=1e3, degree=2)
print("多项式核函数的支持向量机对象: \n\r%s"%svr_poly.fit(X_ds, Y_ds))
```

【代码输出】

线性核函数的支持向量机对象:
```
SVR(C=1000.0, cache_size=200, coef0=0.0, degree=3, epsilon=0.1,
gamma='auto_deprecated', kernel='linear', max_iter=-1, shrinking=True,
tol=0.001, verbose=False)
```

高斯核函数的支持向量机对象:
```
SVR(C=1000.0, cache_size=200, coef0=0.0, degree=3, epsilon=0.1, gamma=0.1,
kernel='rbf', max_iter=-1, shrinking=True, tol=0.001, verbose=False)
```

多项式核函数的支持向量机对象:
```
SVR(C=1000.0, cache_size=200, coef0=0.0, degree=2, epsilon=0.1,
gamma='auto_deprecated', kernel='poly', max_iter=-1, shrinking=True,
tol=0.001, verbose=False)
```

案例代码清单 5-2-5

```
#5-2-5 不同核技巧下模型预测结果可视化
#引入可视化模块
import matplotlib.pyplot as plt
#用来正常显示中文标签
plt.rcParams['font.sans-serif']=['SimHei']
#用来正常显示符号
plt.rcParams['axes.unicode_minus']=False

%matplotlib inline
```

```
fig,ax = plt.subplots(dpi=120)
plt.scatter(X_ds, Y_ds, color='black', label='Data')
plt.plot(X_ds, svr_rbf.predict(X_ds), color='red', label='RBF model')
plt.plot(X_ds, svr_lin.predict(X_ds), color='green', label='Linear model')
plt.plot(X_ds, svr_poly.predict(X_ds), color='blue', label='Polynomial model')
plt.xlabel('日期')
plt.ylabel('股价')
plt.legend()
plt.show()
```

【代码输出】

不同核技巧下模型预测结果可视化如图 5.10 所示。

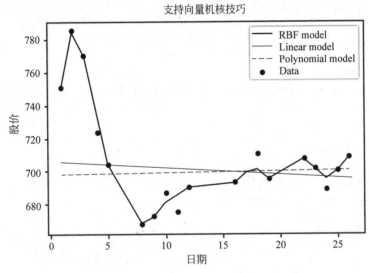

图 5.10　不同核技巧下模型预测结果可视化

5.3　案例 1：手写数字识别

5.3.1　案例介绍

案例名称：手写数字识别。

案例数据：数据集包含图片数据和数字标签。

数据类型：二进制浮点型数据。

5.3.2 案例目标

本案例的目标是应用支持向量机算法对手写数字数据进行分类，完成图像二进制数据读取、数据统计、参数优化、模型评价、分类预测。

5.3.3 案例拆解

案例代码清单 5-3-1

```
#5-3-1 读取手写数字数据
import numpy as np
data = np.load("data/mnist/train.npz")
```

案例代码清单 5-3-2

```
#5-3-2 数据降维
U, A, V = np.linalg.svd(batch_x, full_matrices=True)
m = np.shape(U)[0]
n = np.shape(V)[0]
mn = np.min([m, n])
Lambda = np.zeros([m, n])
Lambda[:30,:30] = np.diag(A)[:30,:30]
new_mnist = np.dot(U, np.dot(Lambda, V))
```

案例代码清单 5-3-3

```
#5-3-3 划分数据
X_train = new_mnist[:7000,:]
Y_train = batch_y[:7000,:]
print(X_train.shape, Y_train.shape)
```

【代码输出】

```
((7000, 784),(7000, 10))
```

案例代码清单 5-3-4

```
#5-3-4 建立模型
from sklearn.svm import SVR


svr = SVR()
svr.fit(X_train1, Y_train)
```
【代码输出】
```
SVR(C=1000.0, cache_size=200, coef0=0.0, degree=3, epsilon=0.1,
```

```
gamma='auto_deprecated', kernel='linear', max_iter=-1, shrinking=True,
tol=0.001, verbose=False)
```

案例代码清单 5-3-5

```
# 5-3-5 模型评价

Y_test = svr.predict(X_test)
score = svr.score(X_test, Y_train)

print(score)
```

【代码输出】

```
0.933
```

5.4 案例 2：地铁人流量预测

5.4.1 案例介绍

案例名称：地铁人流量预测。
数据类型：16 个数值类型特征，4 个类目型特征。
预测目标：根据地铁往日进出站人流量预测人流量。

5.4.2 案例目标

本案例的目标是应用支持向量机算法对地铁人流量进行预测，完成地铁数据读取、数据统计、特征工程、SVM 调参、模型评价、分类预测、模型保存。

5.4.3 案例拆解

案例代码清单 5-4-1

```
# 5-4-1 读取地铁人流量数据
import pandas as pd
df_subway=pd.read_csv("../data/sub.csv")

'''
UNIT 站点
DATEn 进站日期
TIMEn 进站时间
DESCn 目的地
```

```
ENTRIESn_hourly 进站人数
EXITSn_hourly 出站人数
maxpressurei 天气的气压 max
minpressurei 天气的气压 min
meanpressurei 天气的气压 mean
maxdewpti 风力 max
mindewpti 风力 min
meandewpti 风力 mean
fog 雾量
rain 雨量
maxtempi 温度 max
mintempi 温度 min
meantempi 温度 mean
precipi 降水量
thunder 打雷
'''
df_subway.head()
df_subway.info()
```

【代码输出】

地铁人流量数据前 5 个样本如图 5.11 所示。

	UNIT	DATEn	TIMEn	Hour	DESCn	ENTRIESn_hourly	EXITSn_hourly	maxpressurei
0	R001	2011/5/1	1:00:00	1	REGULAR	0	0	30.31
1	R001	2011/5/1	5:00:00	5	REGULAR	217	553	30.31
2	R001	2011/5/1	9:00:00	9	REGULAR	890	1262	30.31
3	R001	2011/5/1	13:00:00	13	REGULAR	2451	3708	30.31
4	R001	2011/5/1	17:00:00	17	REGULAR	4400	2501	30.31

5 rows × 21 columns

图 5.11　地铁人流量数据前 5 个样本

【代码输出】

```
<class 'pandas.core.frame.DataFrame'>
RangeIndex: 131951 entries, 0 to 131950
Data columns (total 21 columns):
UNIT             131951 non-null object
DATEn            131951 non-null object
TIMEn            131951 non-null object
Hour             131951 non-null int64
DESCn            131951 non-null object
ENTRIESn_hourly  131951 non-null int64
EXITSn_hourly    131951 non-null int64
maxpressurei     131951 non-null float64
```

```
maxdewpti              131951 non-null int64
mindewpti              131951 non-null int64
minpressurei           131951 non-null float64
meandewpti             131951 non-null int64
meanpressurei          131951 non-null float64
fog                    131951 non-null int64
rain                   131951 non-null int64
meanwindspdi           131951 non-null int64
mintempi               131951 non-null int64
meantempi              131951 non-null int64
maxtempi               131951 non-null int64
precipi                131951 non-null float64
thunder                131951 non-null int64
dtypes: float64(4), int64(13), object(4)
memory usage: 21.1+MB
```

案例代码清单 5-4-2

```
#5-4-2 时间序列处理
#将日期时间按指定格式组合
df_subway["DatetimeEn"] = pd.to_datetime(df_subway["DATEn"] +" "
                          +df_subway["TIMEn"], format="%Y-%m-%d %H:%M:%S")

print("组合后的前 5 个样本的时间特征：\n\r%s"%df_subway["DatetimeEn"].head())

#按周一至周日划分
df_subway["day"]=pd.DatetimeIndex(df_subway["DatetimeEn"]).weekday
#按一天 24 小时划分
df_subway["hour"]=pd.DatetimeIndex(df_subway["DatetimeEn"]).hour
```

【代码输出】

```
组合后的前 5 个样本的时间特征：
0    2011-05-01  01:00:00
1    2011-05-01  05:00:00
2    2011-05-01  09:00:00
3    2011-05-01  13:00:00
4    2011-05-01  17:00:00
Name: DatetimeEn, dtype: datetime64[ns]
```

案例代码清单 5-4-3

```
#5-4-3 单周每日地铁人流量统计
#引入可视化模块
import matplotlib.pyplot as plt
#用来正常显示中文标签
```

```
plt.rcParams['font.sans-serif']=['SimHei']
#用来正常显示符号
plt.rcParams['axes.unicode_minus']=False

%matplotlib inline
sub_day = df_subway[["day", "ENTRIESn_hourly",
"EXITSn_hourly"]].groupby("day").agg(sum)
fig, ax = plt.subplots(figsize=(12, 7),dpi=120)
sub_day.plot(ax=ax, kind="bar",rot=0)
ax.set_title("单周每日地铁人流量统计")
ax.legend(["出站", "进站"])
ax.set_ylabel("人流量")
ax.set_xlabel("天")
ax.set_xticklabels(["星期日", "星期一", "星期二", "星期三", "星期四", "星期五",
"星期六"])
plt.show()
```

【代码输出】

单周每日地铁人流量统计如图 5.12 所示。

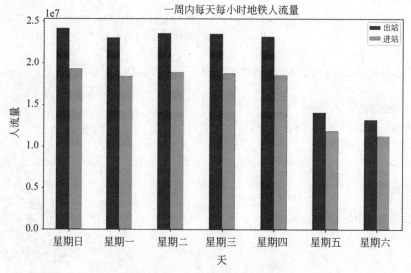

图 5.12　单周每日地铁人流量统计

案例代码清单 5-4-4

```
#5-4-4 每日不同时间点地铁人流量统计
sub_by_hour = df_subway[["hour", "ENTRIESn_hourly", "EXITSn_hourly"]] \
    .groupby("hour") \
    .sum()
```

```
fig, ax = plt.subplots(figsize=(12, 7),dpi=120)
sub_by_hour.plot(ax=ax)
ax.set_title("一天内不同时间点人流量")
ax.legend(["进站", "出站"])
ax.set_ylabel("人流量(1e6 is a million)")
ax.set_xlabel("一天不同时间点")
ax.set_xlim(0, 23)
plt.show()
```

【代码输出】

每日不同时间点地铁人流量统计如图 5.13 所示。

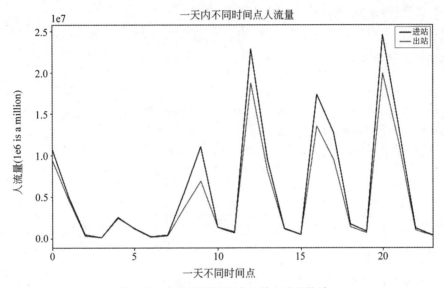

图 5.13　每日不同时间点地铁人流量统计

案例代码清单 5-4-5

```
#5-4-5 特征编码
#将 UNIT 站点特征列转换为 0 至总类别数-1 的数值表示
df_subway['UNIT2'] = df_subway['UNIT'].astype('category').cat.codes
print("编码后的 UNIT 站点特征: \n\r%s"%df_subway['UNIT2'][:5])
```

【代码输出】

编码后的 UNIT 站点特征:
```
0    0
1    0
2    0
3    0
4    0
Name: UNIT2, dtype: int16
```

案例代码清单 5-4-6

```
#5-4-6 构造特征集和标签
#定义特征集列表
feature_select = ['UNIT2', 'rain', 'precipi', 'Hour', 'meantempi',
                  'mintempi', 'maxtempi','mindewpti', 'meandewpti',
                  'maxdewpti', 'minpressurei','meanpressurei',
                  'maxpressurei', 'meanwindspdi']
#选择部分特征列
df_subway_features = df_subway[feature_select]
#将 ENTRIESn_hourly 进站人数特征列作为标签列
df_subway_target = df_subway['ENTRIESn_hourly']
```

案例代码清单 5-4-7

```
#5-4-7 划分数据集
from sklearn.model_selection import train_test_split
#划分训练集和测试集,划分比例为 8：2
X_train, X_test, Y_train, Y_test = train_test_split(
                  df_subway_features, df_subway_target, test_size=0.20,
                  random_state=0)


print(X_train.shape, Y_train.shape)
```

【代码输出】

```
(105560, 14) (105560,)
```

案例代码清单 5-4-8

```
#5-4-8 特征归一化处理
from sklearn.preprocessing import Normalizer
#Normalizer.fit_transform 默认使用 12 范数数据进行归一化处理
X_train1 = Normalizer().fit_transform(X_train)
X_train1
```

【代码输出】

```
array([[9.55156869e-01, 0.00000000e+00, 0.00000000e+00, ...,
        6.18262060e-02, 6.18883638e-02, 1.24315428e-02],
       [9.23809100e-01, 2.45042201e-03, 2.45042201e-04, ...,
        7.34636520e-02, 7.38802237e-02, 1.47025321e-02],
       [2.86523523e-01, 5.11649148e-03, 1.48378253e-03, ...,
        1.53904064e-01, 1.54159888e-01, 2.55824574e-02],
       ...,
```

```
[9.53696859e-01, 0.00000000e+00, 0.00000000e+00, ...,
  6.26032383e-02, 6.27486822e-02, 1.03888547e-02],
[9.30461806e-01, 0.00000000e+00, 0.00000000e+00, ...,
  6.09992029e-02, 6.11010039e-02, 1.01801073e-02],
[9.54821400e-01, 0.00000000e+00, 0.00000000e+00, ...,
  6.20944589e-02, 6.22394426e-02, 1.24271766e-02]])
```

案例代码清单 5-4-9

```
#5-4-9 引用支持向量机建模
from sklearn.svm import SVR
#创建线性核函数的支持向量机对象,并执行拟合操作
svr_lin = SVR(kernel='linear')
svr_lin.fit(X_train, Y_train)
```

【代码输出】

```
SVR(C=1000.0, cache_size=200, coef0=0.0, degree=3, epsilon=0.1,
gamma='auto_deprecated', kernel='linear', max_iter=-1, shrinking=True,
tol=0.001, verbose=False)
```

案例代码清单 5-4-10

```
#5-4-10 采用 r2 指标评估模型
from sklearn.metrics import r2_score
#对测试集进行预测
Y_predict = svr_lin.predict(X_test)
#使用 R2 决定系数评价模型,结果越接近 1 表示模型越好
score = r2_score(Y_test, Y_predict, sample_weight=None, multioutput=None)
print("当前模型 R2 值为: \n\r%s"%score)
```

【代码输出】

```
当前模型 R2 值为: 0.922
```

小结与讨论

本章中讨论了支持向量机的核技巧和核函数。支持向量机有其缺点和优点。支持向量机的优点是:可以解决小样本情况下的机器学习问题;可以提高泛化性能;可以解决高维问题;可以解决非线性问题;可以避免神经网络结构选择和局部极小点问题。支持向量机的缺点是:对缺失数据敏感;对非线性问题没有通用解决方案,必须谨慎选择核技巧来处理。

习题

1. 支持向量机如何解决非线性问题？
2. 什么是核技巧？有什么用处？
3. 请集合具体实例说明支持向量机的重要参数。
4. 请列举支持向量机与其他算法的区别。
5. 请选取数据集应用支持向量机算法完成目标预测。

第6章 朴素贝叶斯

本章组织：本章介绍支持多分类任务学习的机器学习模型——朴素贝叶斯。可以说，贝叶斯分类器都是基于概率框架完成分类决策，并以最大后验概率选择最优标记。首先，本章一开始介绍基础的概率知识和最大后验概率分类准则。其次，朴素贝叶斯分类器是基于特征条件独立假设的贝叶斯分类器，本章将重点介绍这一类贝叶斯分类器实现的原理。最后，通过拆解糖尿病病情预测案例来介绍朴素贝叶斯分类器在项目中的参数优化技巧，通过拆解亚马逊消费者投诉分析案例介绍朴素贝叶斯分类器在文本分类项目中的应用技巧。

6.1节介绍基础的概率知识和最大后验概率分类器；

6.2节介绍朴素贝叶斯分类器的实现原理；

6.3节介绍糖尿病病情预测案例；

6.4节介绍亚马逊用户评价分析。

引言

在前面的章节中已经学习了解决分类任务的机器学习模型。本章将学习一种新的支持多分类任务的机器学习模型：朴素贝叶斯模型。朴素贝叶斯模型是贝叶斯分类器的一种，之所以被称为"朴素"的，是因为在朴素贝叶斯模型中，输入的样本数据的各个特征之间是相互独立的。朴素贝叶斯分类器是一种生成式的贝叶斯分类器，基于概率框架完成分类决策，因此，本章将从概率的视角来探讨如何解决机器学习分类任务。

6.1 贝叶斯基础和最大后验概率

本节通过一个简单的例子来回忆下基本的概率知识。首先，假设 T 为离散型的随机变量，T 的一切可能取值为 $t_1,t_2,\cdots,t_n$。我们将 $P(T=购买)$ 称为 T 的概率分布。随机变量购买商品的所有可能的取值有两种，一种是购买，另一种是不购买，其中，T 取购买和不购买的概率均为 0.5。再假设随机变量 G（商品价格）的所有可能取值分为两种，一种是高，另一种是低，其中，G 取高和低的概率分别为 0.6 和 0.4。

对于一般的概率分布，需要满足以下两个性质。

(1) 对于任一事件的概率值都符合 $0 \leqslant P(T=t_i) \leqslant 1$。如例子中，$P(T=购买)=0.5$。

(2) 所有事件的概率值的和为 1，如例子中，$P(G=高)+P(G=低)=0.6+0.4=1$。

有了概率分布的定义后，再来看联合分布的定义。联合分布指的是一组随机变量集合 $X_1,X_2,\cdots,X_n$ 组成的随机向量的概率分布。对于联合分布，它和单变量的概率分布一样，也需要满足：任一事件的概率大于或等于 0、小于或等于 1，以及所有事件的概率之和等于 1 这两个性质。对于由 n 个随机变量组成的联合分布，如果每个随机变量有 d 种可能的取值，则样本空间共有 d^n 种可能的取值。例如，对于刚才介绍的两个概率分布的例子，随机变量购买 T 有两种可能取值，商品价格 G 也有两种可能取值，因此由随机变量购买 T 和商品价格 G 组成的联合分布共有 4 种可能的取值，如表 6.1 所示。

表 6.1　购买和商品价格的联合概率分布

T	G	P
购买	高	0.4
购买	低	0.1
不购买	高	0.2
不购买	低	0.3

接着，我们来看边缘分布的定义。通过对联合分布边缘化求和，单独只考虑一个随机变量的分布称为边缘分布。以随机变量温度 T 和天气 G 的联合分布为例，T 的边缘概率分布等于联合分布 $P(T,G)$ 关于随机变量 G 求和，从而消除随机变量 G；而 G 的边缘概率分布等于联合分布关于 T 求和，从而消除 T。通过联合概率和边缘概率，可以定义条件概率。条件概率等于联合概率除以边缘概率，即

$$P(a \mid b) = P(a,b)/P(b)$$

条件概率公式表示的意思是：在事件 b 发生的条件下，事件 a 发生的条件概率等于事件 a 和事件 b 同时发生的联合概率除以事件 b 发生的概率。例如，当给出了随机变量购买 T 的概率分布，以及随机变量购买 T 和商品价格 W 的联合分布，那么在商品价格为高的条件下，购买的条件概率计算：因为 $P(G=$高$,T=$购买$)=0.4$，$P(G=$高$)=0.5$，所以条件概率值 $=0.4/0.5=0.8$。

利用条件概率，可以定义条件分布。条件分布是指当给定其他变量的固定值，关于某些变量的概率分布。通过对照条件分布和联合分布，不难发现，条件分布描述的是某个事件发生的情况下，另外一个事件发生的概率分布；而联合分布描述的是两个事情同时发生的概率分布。具体地，针对两个随机变量，联合分布具有两种分解形式。也就是说，联合分布等于固定 y,x 的条件分布与 y 的概率分布的乘积；也等于固定 x,y 的条件分布与 x 的概率分布乘积。利用联合分布的两种分解形式，我们得到了著名的贝叶斯公式。贝叶斯公式表明条件概率相互转移，如果知道一个条件分布及两个随机变量的概率分布，我们可以得到另外一个条件分布。关于概率论的具体知识，读者可以扩展学习。

在复习了基础的概率知识后，接下来讨论最大后验概率分类准则。在第 5 章中讲解了 SVM 的实现原理，实质上，SVM 分类器对输入的样本数据进行硬划分，也就是说，一个样本要么属于正例，要么属于反例。如果从概率的角度来解释，就是一个样本属于正例的概率要么为 0，要么为 1。同理，一个样本属于负例的概率要么为 0，要么为 1。与 SVM 不同的是，基于贝叶斯的分类器给出了样本属于正负例的可能性，这也就决定了这一类分类器能够实现多分类任务的学习。在贝叶斯分类器对输入的样本数据进行分类的过程中，实质是在计算该样本属于某一类的后验概率。简言之，一个样本属于某一类的后验概

率最大,那么它就被划分为这一类,在这之中,贝叶斯分类器以最大后验概率作为分类的标记。

那么问题来了,机器学习中又是如何估计后验概率的呢?一般有两种策略,一种是判别式模型,这一种模型直接对后验概率进行建模,例如后续章节中将要讲到的逻辑回归模型就是基于这一种策略。逻辑回归模型直接假设后验概率模型服从伯努利分布,也就是说,样本属于 0 类的概率是 $f(x)$,属于 1 类的概率是 $1 - f(x)$。具体内容会在第 8 章中讨论。简单来看,第一种策略是直接对条件概率建立模型,而不考虑样本数据的联合分布情况。不同于这一策略,第二种策略是假定输出标签条件概率服从某项概率分布,然后集合贝叶斯定理得到后验概率分布,这被称为生成式模型。显而易见,本章中讨论的朴素贝叶斯模型就是基于这一策略完成分类任务。我们可以从另外的角度来理解,基于这一策略的贝叶斯分类器需要先对输入特征和输出标签的联合概率分布建模,然后再通过贝叶斯公式估计样本 x 属于某一类的后验概率。基于这种思想,6.2 节中将讨论朴素贝叶斯分类器的实现过程。

6.2 朴素贝叶斯的实现

从 6.1 节中了解到,贝叶斯分类器是基于生成式模型的策略,先计算样本特征和标签的联合概率分布,然后通过贝叶斯公式估计某一样本属于某一类的后验概率,并且当后验概率最大时,就认为该样本属于这一类。本节就将这一实现过程拓展开。

首先来看贝叶斯分类器的实现过程。贝叶斯分类器的核心是使用贝叶斯定理估计某个样本属于某个类别的后验概率,实现步骤可以描述为:先估算某个类的条件概率和先验概率,然后通过贝叶斯定理估计后验概率,得到后验概率后,使用最大后验概率准则给出类的标签。下面通过一个例子来观察贝叶斯分类器实现的过程。

假定是否打篮球是通过天气、气温、湿度和风 4 个属性决定的,并且假定收集了 14 个输入-输出组成的训练样本集,如图 6.1 所示。

	X_1	X_2	X_3	X_4	C		X_1	X_2	X_3	X_4	C
No.	天气	气温	湿度	风	类别	No.	天气	气温	湿度	风	类别
1	晴	热	高	无	N	8	晴	适中	高	无	N
2	晴	热	高	有	N	9	晴	冷	正常	无	Y
3	多云	热	高	无	Y	10	雨	适中	正常	无	Y
4	雨	适中	高	无	Y	11	晴	适中	正常	有	Y
5	雨	冷	正常	无	Y	12	多云	适中	高	有	Y
6	雨	冷	正常	有	N	13	多云	热	正常	无	Y
7	多云	冷	正常	有	Y	14	雨	适中	高	有	N

图 6.1 是否打篮球模拟样本集

那么如果给一个新示例：$X=$（天气＝晴，气温＝冷，湿度＝高，风＝有），想知道是否可以打篮球。按照贝叶斯分类器的分类准则，需要估计类先验概率和类条件概率。首先依据大数定律，利用样本出现频率估计先验概率。对于这个例子，仍然是一个二分类问题，只有打篮球和不打篮球两类。在这 14 条样例中，打篮球出现了 9 次，不打篮球出现了 5 次。因此打篮球的先验概率为 9/14；不打篮球的先验概率为 5/14。其次，估计类条件概率。先来看一下属性向量有多少种可能的取值。属性 X_1 天气有三种取值：晴、多云、雨；属性 X_2 气温也有三种取值：热、适中、冷；属性 X_3 温度有两种取值：高和正常；属性 X_4 风有两种取值：有和无。因此属性向量共有 $3\times3\times2\times2=36$ 种可能的取值。另外，类有两种可能的取值：打篮球和不打篮球。所以类条件分布中（类似）共有 72 种可能的取值。根据样本出现频率估计条件概率。但由于样本数远小于随机向量的可能取值数目，估计值通常不可靠。例如，虽然可以估计在打球的条件下，天气晴，气温热，湿度高，无风的概率为 1/9，但是在不打篮球的条件下，相应的条件概率不好估计。由于它在样本中没有出现，只好将其估计为 0/5。但由于未观测到和出现概率为 0 并不是一回事，所以这个估计概率值并不准确。通过统计频率，可以估计出类先验概率和类条件概率：$P(C=Y)$ 的先验概率为 9/14，$P(C=N)$ 的先验概率为 5/14。同时，由于类条件概率有 72 种可能的取值，但由于只有 14 个训练样本，所以很多类条件概率的值都为 0，具体如图 6.2 所示。

No.	天气	气温	湿度	风	$C=Y$	$C=N$
1	晴	热	高	无	0/9	1/5
2	晴	热	高	有	0/9	1/5
3	晴	热	正常	有	0/9	0/5
4	晴	热	正常	无	0/9	0/5
...	...	...	...	...	0/9	.../5
36	...	...	...	...	.../9	.../5

$3\times3\times2\times2$[属性空间可能的取值数目]$\times2$[类] = 72个参数

图 6.2 打篮球和不打篮球的条件概率计算结果

通过观察本案例中类的条件概率的结果可知道，基于贝叶斯公式得到打篮球和不打篮球的概率都为 0，这显然不是一个好的结果。在项目应用中，样本空间的可能取值的数目远大于用于训练模型的样本数据，因此，这就给贝叶斯分类器的模型应用带来了极大的困难。为了解决这种困难，就产生了朴素贝叶斯算法。

从前面的讨论中，了解到贝叶斯分类器很难应用的最大原因是在计算类的条件概率的时候需要学习太多的参数，因此，只需要降低类的条件概率计算参数，就可以很好地解决这个问题。正如在引言部分所提及的，朴素贝叶斯之所以被称为"朴素"，是因为该模型假设输入样本的特征条件相互独立，也就是说，假设每个特征独立地对分类结果产生影响。正是这一"朴素"的思想，大大地降低了这种贝叶斯分类器需要学习的参数空间。具体地，在类别已知的情况下，某个样本的特征联合概率就等于特征的条件概率的乘积。那么，按照这一想法，重新回到打篮球的例子。依据刚才的介绍，需要计算每个类的先验概率和相对于这个类的类特征的条件概率。同理，使用频率来计算这两个概率。经过统计就可以得到类条件的概率分布表如图 6.3 所示。

先验：

$$P(C=Y)=9/14 \quad P(C=N)=5/14$$

类条件：　$P(X_1|C_i)$　　　　　　　　　　$P(X_2|C_1), P(X_2|C_2)$

天气	类别=Y	类别=N
晴	2/9	3/5
多云	4/9	0/5
雨	3/9	2/5

温度	类别=Y	类别=N
热	2/9	2/5
适中	4/9	2/5
冷	3/9	1/5

$P(X_4|C_1), P(X_4|C_2)$

湿度	类别=Y	类别=N
高	3/9	4/5
正常	6/9	1/5

风	类别=Y	类别=N
有	3/9	3/5
无	6/9	2/5

图 6.3　基于朴素贝叶斯的是否打篮球的先验概率和条件概率

经过观察，天气和温度的属性包含 3 个，而湿度和风的属性包含 2 个，又因为类标签的个数为 2，所以不难发现，利用朴素假设，需要估计的条件概率个数降到了（3＋3＋2＋2）×2＝20。回忆一下，在没有使用朴素贝叶斯假设时参数为 72 个。这说明利用朴素假设，使得参数少了三分之二多。

在估计出了先验概率和条件概率之后，现在重新对样本 X＝（天气＝晴，气温＝冷，湿度＝高，风＝有）进行测试。首先，查找先验概率表；以及天气为晴，温度为冷，湿度为高，风为有的条件概率表如图 6.4 所示。

$P(C=Y)$ 9/14　　　　　$P(C=N)$ 5/14

天气	Y	N
晴	2/9	3/5

温度	Y	N
冷	3/9	1/5

湿度	Y	N
高	3/9	4/5

风	Y	N
有	3/9	3/5

图 6.4　先验概率表和天气为晴、温度为冷、湿度为高、风为有的条件概率表

其次，基于朴素贝叶斯假设，计算样本 X 属于打篮球和不打篮球的后验概率。

$$P(Y\mid X)\propto \frac{2}{9}\times\frac{3}{9}\times\frac{3}{9}\times\frac{3}{9}\times\frac{9}{14}=0.0053$$

$$P(N\mid X)\propto \frac{3}{5}\times\frac{1}{5}\times\frac{4}{5}\times\frac{3}{5}\times\frac{5}{14}=0.0206$$

因为样本 X 属于打篮球的后验概率远小于不打篮球的后验概率，所以根据极大后验概率准则，预测 X 的类别标记为"不打篮球"。虽然利用朴素假设，可以使得估计参数的数目大大减少，但若训练样本过少，与不使用朴素假设的贝叶斯分类算法一样，仍然还是有可能出现 0 概率问题。0 概率问题指的是若某个属性值在训练集中没有与某个类同时出现

过,则基于频率的概率估计将为0,也就是单个属性的条件概率为0,具体如表6.2所示。例如,对于天气这个属性,在不打篮球的条件下,多云的概率为0。

表 6.2　条件概率表

天　气	类别＝Y	类别＝N
晴	2/9	3/5
多云	4/9	0/5
雨	3/9	2/5

那么在计算后验概率的时候,由于连乘的原因,

$$P(c_j \mid x_1, x_2, \cdots, x_p) = \prod_{i=1}^{p} P(x_i \mid c_j) p(c_j)$$

这意味着无论其他属性如何取值,计算出不打篮球的后验概率都为0。这显然不合理:仅仅因为事件之前没有发生过,并不意味着它不会发生。为了避免这一情况,需要对概率值进行平滑。在实际中,常用拉普拉斯修正对概率进行校正。拉普拉斯修正让先验概率和条件概率都在分子上加个1;为了让概率之和等于1,先验概率在分母上加上类标签的个数;类条件概率在分母上加上属性可能的取值数目。例如,对于刚才使用的打篮球的例子,先验概率修正为

$$P(C = Y) = (9 + 1)/(14 + 2)$$
$$P(C = N) = (5 + 1)/(14 + 2)$$

打篮球的概率为10/16,不打篮球的概率为6/16;关于类条件概率,因为属性天气的取值有3个,所以在分母上加上3,修正后的条件概率具体如表6.3所示。

表 6.3　修正后的条件概率

天　气	类别＝Y	类别＝N
晴	(2+1)/(9+3)	(3+1)/(5+3)
多云	(4+1)/(9+3)	(0+1)/(5+3)
雨	(3+1)/(9+3)	(2+1)/(5+3)

经过修正后,在不打篮球的条件下,天气是多云的概率从0/5变成了1/8。不难发现,拉普拉斯校正避免了因训练样本不足而导致的概率估值为0的问题,从而使问题的解更加符合实际情况。

到这里,我们已经讨论了朴素贝叶斯算法的实现过程,现在再来总结一下基于朴素贝叶斯的算法思想。在机器学习中,可以认为对于给定的样本数据,首先基于各特征条件独立假设学习输入/输出的联合概率分布;然后基于此模型,对于新的输入,利用贝叶斯定理求出后验概率最大的输出类别。在这个过程中,需要先计算先验概率和条件概率,然后据此计算出后验概率。因此,可以将朴素贝叶斯的实现过程总结为计算先验概率、计算条件概率、后验概率最大化3个步骤。

1. 计算先验概率

P("属于某类")＝在未知某样本具有该"具有某特征"的条件下,该样本"属于某类"的概率,所以叫作先验概率。计算先验概率使用极大似然估计。

2. 计算条件概率

P("具有某特征"|"属于某类")＝在已知某样本"属于某类"的条件下,该样本"具有某特征"的概率。贝叶斯的改进体现在计算条件概率时,有可能出现极大似然函数为 0 的情况,这时需要在分子分母上添加上一个正数,使得其值不为 0。

3. 后验概率最大化

P("属于某类"|"具有某特征")＝在已知某样本"具有某特征"的条件下,该样本"属于某类"的概率,所以叫作后验概率。后验概率需要最大化。

6.3 案例1：糖尿病病情预测

6.3.1 案例介绍

案例名称：糖尿病病情预测。

案例数据：数据集包含了 442 位患者的生理数据及一年以后的病情发展情况。数据集中共包含 10 个特征值。

6.3.2 案例目标

本案例的目标是应用朴素贝叶斯算法对糖尿病患者情况进行预测,预测一年以后患者病情发展情况。完成糖尿病患者数据读入与观察等。

6.3.3 案例拆解

案例代码清单 6-3-1

```
import pandas as pd
df_diadata = pd.read_csv("../data/diabetes.csv")
df_diadata.head()
df_diadata.info()
```

【代码输出】

糖尿病病情数据前 5 个样本如图 6.5 所示。

	Pregnancies	Glucose	BloodPressure	SkinThickness	Insulin	BMI	DiabetesPedigreeFunction	Age	Outcome
0	6	148	72	35	0	33.6	0.627	50	1
1	1	85	66	29	0	26.6	0.351	31	0
2	8	183	64	0	0	23.3	0.672	32	1
3	1	89	66	23	94	28.1	0.167	21	0
4	0	137	40	35	168	43.1	2.288	33	1

图 6.5　糖尿病病情数据前 5 个样本

【代码输出】

```
<class 'pandas.core.frame.DataFrame'>
RangeIndex: 768 entries, 0 to 767
Data columns (total 9 columns):
Pregnancies                768 non-null int64
Glucose                    768 non-null int64
BloodPressure              768 non-null int64
SkinThickness              768 non-null int64
Insulin                    768 non-null int64
BMI                        768 non-null float64
DiabetesPedigreeFunction   768 non-null float64
Age                        768 non-null int64
Outcome                    768 non-null int64
dtypes: float64(2), int64(7)
memory usage: 54.1KB
```

案例代码清单 6-3-2

6-3-2 观察标签数据

```
#计算 Outcome 特征列的所有类别的总数量
df_diadata.Outcome.value_counts()
```

【代码输出】

```
0    500
1    268
Name: Outcome, dtype: int64
```

案例代码清单 6-3-3

6-3-3 特征处理

```
import seaborn as sns
import matplotlib.pyplot as plt
#用来正常显示中文标签
```

```
plt.rcParams['font.sans-serif']=['SimHei']
#用来正常显示符号
plt.rcParams['axes.unicode_minus']=False

%matplotlib inline

fig,ax = plt.subplots(dpi=120)

#绘制各特征之间的相关系数
sns.heatmap(df_diadata.corr())
```

【代码输出】

糖尿病病情特征相关性分析如图6.6所示。

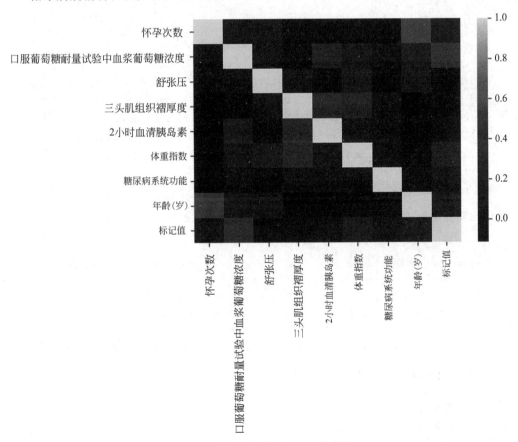

图6.6　糖尿病病情特征相关性分析

案例代码清单 6-3-4

```
#6-3-4 划分数据集
from sklearn.model_selection import train_test_split
```

```
#将数据集去掉 Outcome 列后作为特征数据集,将 Outcome 列最为标签数据集
#stratify 参数是保持测试集与整个数据集中 Outcome 列的数据分类比例一致,也就是说例如
#避免高收入的都在训练集,低收入的都在测试集
X_train, X_test, Y_train, Y_test = train_test_split(
    df_diadata.loc[:, df_diadata.columns!='Outcome'],
    df_diadata['Outcome'], stratify=df_diadata['Outcome'], random_state=66)

print(X_train.shape, Y_train.shape)
```

【代码输出】

```
(576, 8) (576,)
```

案例代码清单 6-3-5

```
#6-3-5 使用随机森林分类器筛选特征
from sklearn.ensemble import RandomForestClassifier

#创建一个有 100 棵树的随机森林对象 obj_rfr,并使用训练集和标签训练拟合模型
obj_rfc = RandomForestClassifier(n_estimators=100, random_state=0)
print("随机森林分类器: \r\n%s"%obj_rfc.fit(X_train, Y_train))
#分别计算随机森林模型 obj_rfc 在训练集和测试集上的得分
print("Accuracy on training set: {:.3f}".format(obj_rfc.score(X_train, Y_
train)))
print("Accuracy on test set: {:.3f}".format(obj_rfc.score(X_test, Y_test)))
```

【代码输出】

```
随机森林分类器:
RandomForestClassifier(bootstrap=True, class_weight=None, criterion='gini',
    max_depth=None, max_features='auto', max_leaf_nodes=None,
    min_impurity_decrease=0.0, min_impurity_split=None,
    min_samples_leaf=1, min_samples_split=2,
    min_weight_fraction_leaf=0.0, n_estimators=100, n_jobs=None,
    oob_score=False, random_state=0, verbose=0, warm_start=False)
```

案例代码清单 6-3-6

```
#6-3-6 筛选特征
import numpy as np
diabetes_features = [x for i,x in enumerate(df_diadata.columns) ifi!=8]

def plot_feature_importances_diabetes(model):
    fig,ax = plt.subplots(figsize=(8,6),dpi=120)
    n_features =8
    plt.barh(range(n_features), model.feature_importances_, align='center')
    plt.yticks(np.arange(n_features), diabetes_features)
    plt.xlabel("特征不纯度值")
```

```
plt.ylabel("特征列名")
plt.ylim(-1, n_features)

for ind,val in enumerate(model.feature_importances_):
    ax.text(val,ind-0.1,str(round(val,3)))

plot_feature_importances_diabetes(obj_rfc)
```

【代码输出】

糖尿病病情特征重要性排序如图 6.7 所示。

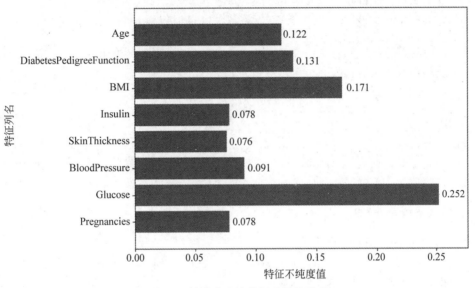

图 6.7　糖尿病病情特征重要性排序

案例代码清单 6-3-7

```
#6-3-7 采用朴素贝叶斯建模
from sklearn.naive_bayes import GaussianNB
#高斯朴素贝叶斯分类器
obj_gnb = GaussianNB()
#训练拟合高斯朴素贝叶斯分类器模型 obj_gnb
obj_gnb.fit(X_train, Y_train)
```

【代码输出】

```
GaussianNB(priors=None, var_smoothing=1e-09)
```

案例代码清单 6-3-8

```
#6-3-8 评估模型
#计算测试集上的得分
print("朴素贝叶斯分类器在测试集上的评分为：\r\n%s"%obj_gnb.score(X_train,
```

```
Y_train))
from sklearn.metrics import roc_curve, auc
#返回测试数据 X_test 的概率估计
Y_pred_score = obj_gnb.predict_proba(X_test[:10])
print("朴素贝叶斯分类器预测结果的概率矩阵为: \r\n%s"%Y_pred_score)
```

【代码输出】

朴素贝叶斯分类器在测试集上的评分为:

0.7638888888888888

朴素贝叶斯分类器预测结果的概率矩阵为:

```
[[0.17124731  0.82875269]
 [0.89937727  0.10062273]
 [0.96165794  0.03834206]
 [0.54893548  0.45106452]
 [0.98354416  0.01645584]
 [0.24427556  0.75572444]
 [0.00183331  0.99816669]
 [0.75779023  0.24220977]
 [0.97388088  0.02611912]
 [0.91938422  0.08061578]]
```

案例代码清单 6-3-9

```
#6-3-9 绘制 ROC_AUC 曲线
Y_pred_score = obj_gnb.predict_proba(X_test)
#使用 roc_curve 来计算 ROC 曲线面积
#fpr 表示增加假阳性率,tpr 表示增加真阳性率,thresholds 表示计算 fpr 和 tpr 的决策函数
#的阈值
fpr, tpr, thresholds = roc_curve(Y_test, Y_pred_score[:, 1])
#auc 函数利用梯形法则计算曲线下面积(AUC)
roc_auc = auc(fpr,tpr)
print("朴素贝叶斯分类器 roc_auc 值为: \r\n%s"%round(roc_auc,3))
fig,ax = plt.subplots(figsize=(8,6),dpi=120)
plt.title('ROC')
plt.plot(fpr, tpr, 'b', label='AUC=%0.2f'%roc_auc)
plt.legend(loc='lower right')
plt.plot([0, 1], [0, 1], 'r--')
plt.xlim([-0.1, 1.1])
plt.ylim([-0.1, 1.1])
plt.ylabel('正样本率')
plt.xlabel('负样本率')
plt.grid()
plt.show()
```

【代码输出】

朴素贝叶斯分类器 roc_auc 值为:

0.846

【代码输出】

朴素贝叶斯分类器 AUC_ROC 曲线如图 6.8 所示。

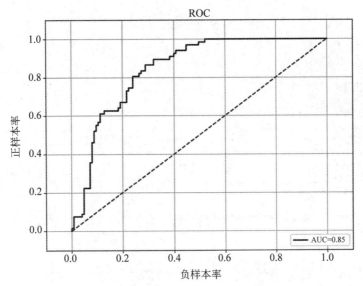

图 6.8 朴素贝叶斯分类器 AUC_ROC 曲线

6.4 案例 2: 亚马逊消费者投诉分析

6.4.1 案例介绍

案例名称: 亚马逊消费者投诉分析。

案例数据: 数据集包含上百万条用户评价信息, 18 个记录信息。

数据类型: 包含数值和类目型数据。

6.4.2 案例目标

本案例的目标是分析消费者投诉内容, 正确找出所评价的产品类型; 通过案例学习文本数据处理、文本词向量化、朴素贝叶斯对文本数据的预测。

6.4.3 案例拆解

案例代码清单 6-4-1

6-4-1 读取数据

```
import pandas as pd
df_diadata = pd.read_csv("../data/diabetes.csv")
df_diadata.head()
df_diadata.info()
```

【代码输出】

亚马逊顾客评价数据 5 个样本如图 6.9 所示。

	Date received	Product	Sub-product	Issue	Sub-issue	Consumer complaint narrative	Company public response	Company	State	ZIP code	Tags
0	03/12/2014	Mortgage	Other mortgage	Loan modification,collection,foreclosure	NaN	NaN	NaN	M&T BANK CORPORATION	MI	48382	NaN
1	10/01/2016	Credit reporting	NaN	Incorrect information on credit report	Account status	I have outdated information on my credit repor...	Company has responded to the consumer and the ...	TRANSUNION INTERMEDIATE HOLDINGS, INC.	AL	352XX	NaN
2	10/17/2016	Consumer Loan	Vehicle loan	Managing the loan or lease	NaN	I purchased a new car on XXXX XXXX. The car de...	NaN	CITIZENS FINANCIAL GROUP, INC.	PA	177XX	Older American
3	06/08/2014	Credit card	NaN	Bankruptcy	NaN	NaN	NaN	AMERICAN EXPRESS COMPANY	ID	83854	Older American
4	09/13/2014	Debt collection	Credit card	Communication tactics	Frequent or repeated calls	NaN	NaN	CITIBANK, N.A.	VA	23233	NaN

图 6.9　亚马逊消费者投诉数据 5 个样本

【代码输出】

```
<class 'pandas.core.frame.DataFrame'>
RangeIndex: 287655 entries, 0 to 287654
Data columns (total18columns):
Date received                  287655 non-null object
Product                        287655 non-null object
Sub-product                    235472 non-null object
Issue                          287655 non-null object
Sub-issue                      187278 non-null object
Consumer complaint narrative   287655 non-null object
Company public response        139907 non-null object
Company                        287655 non-null object
State                          286588 non-null object
ZIP code                       285210 non-null object
```

```
Tags                            49315 non-null object
Consumer consent provided?      287655 non-null object
Submitted via                   287655 non-null object
Date sent to company            287655 non-null object
Company response to consumer    287654 non-null object
Timely response?                287655 non-null object
Consumer disputed?              164126 non-null object
Complaint ID                    287655 non-null int64
dtypes: int64(1), object(17)
memory usage: 39.5+MB
```

案例代码清单 6-4-2

```
# 6-4-2 提取评论信息
print("亚马逊消费者投诉信息前 5 个数据为: \r\n%s"%df_amazon['Consumer complaint
narrative'].head())
# 获取'Consumer complaint narrative'特征列不为空的数据
df_amazon = df_amazon[pd.notnull(df_amazon['Consumer complaint narrative'])]
df_amazon.to_csv("../data/amazon_df.csv", index = None)
df_amazon = pd.read_csv("../data/amazon_df.csv")
```

【代码输出】

亚马逊消费者投诉信息前 5 个数据为:

```
0    I have outdated information on my credit repor...
1    I purchased a new car on XXXX XXXX. The car de...
2    An account on my credit report has a mistaken ...
3    This company refuses to provide me verificatio...
4    This complaint is in regards to Square Two Fin...
Name: Consumer complaint narrative, dtype: object
```

案例代码清单 6-4-3

```
# 6-4-3 特征处理

# 查看所有特征列中为空的数据条数
miss_ = df_amazon.isnull().sum()
## 查看所有特征列中为空的数据占总条数的比例
amazon_miss = miss_/len(df_amazon)
# 获取存在空值的特征列,按降序排序
amazon_miss_ = amazon_miss[amazon_miss!=0].sort_values(ascending=False)
print("亚马逊消费者投诉数据缺失率为: \r\n%s"%amazon_miss_)
```

【代码输出】

亚马逊消费者投诉数据缺失率为:

Tags	0.828562
Company public response	0.513629
Consumer disputed?	0.429435
Sub-issue	0.348949
Sub-product	0.181408
ZIP code	0.008500
State	0.003709
Company response to consumer	0.000003

dtype: float64

案例代码清单 6-4-4

```
#6-4-4 删除缺失率较高的特征
#定义缺失率较高特征列表
miss_out = ['Tags','Company public response']
#删除缺失率高的特征列：'Tags','Company public response'
amazon_data = df_amazon.drop(miss_out, axis=1)
print("观察删除后的特征：\r\n%s"%[i for i in amazon_data.columns])
```

【代码输出】

观察删除后的特征：

['Date received', 'Product', 'Sub-product', 'Issue', 'Sub-issue', 'Consumer complaint narrative', 'Company', 'State', 'ZIP code', 'Consumer consent provided? ', 'Submitted via', 'Date sent to company', 'Company response to consumer', 'Timely response? ', 'Consumer disputed? ', 'Complaint ID']

案例代码清单 6-4-5

```
#6-4-5 提取输入特征和标签
col = ['Product', 'Consumer complaint narrative']
#获取'Product', 'Consumer complaint narrative'特征列的数据存储在 df_part 对象中
df_part = amazon_data[col]
#将'Consumer complaint narrative'特征列名更改为'Consumer_complaint_narrative'
df_part.columns = ['Product', 'Consumer_complaint_narrative']
print("观察新数据：\r\n%s"%[i for i in df_part.columns])
```

【代码输出】

观察新数据：
['Product', 'Consumer_complaint_narrative']

案例代码清单 6-4-6

```
#6-4-6 连续特征编码
#factorize 将原来的值改为 0 至当前列类别总数−1 的数值,返回一个元祖,元祖第一个元素是
#转换后的数值,第二个元素是数值对应的原来的值
```

```
df_part['category_id'] = df_part['Product'].factorize()[0]
print("观察编码后的标签: \r\n%s"%df_part['category_id'].head())d
```

【代码输出】

```
观察编码后的标签:
0    0
1    1
2    0
3    2
4    2
Name: category_id, dtype: int64
```

案例代码清单 6-4-7

```
# 6-4-7 消费者投诉产品类型值可视化
import seaborn as sns
import matplotlib.pyplot as plt
#用来正常显示中文标签
plt.rcParams['font.sans-serif']=['SimHei']
#用来正常显示符号
plt.rcParams['axes.unicode_minus']=False

%matplotlib inline

#查看'category_id'特征列各类别的数据总和
id_look = df_part['category_id'].value_counts()

my_data = df_part.groupby('Product').Consumer_complaint_narrative.count()
my_data.plot.bar(ylim=0)
plt.title("产品")
plt.xlabel("产品类型")
plt.ylabel("数量")

for ind,val in enumerate(my_data):
    plt.text(ind-0.24,val+500,str(int(val)))
```

【代码输出】

亚马逊消费者投诉产品类型值可视化如图 6.10 所示。

案例代码清单 6-4-8

```
# 6-4-8 处理消费者投诉语料

from sklearn.feature_extraction.text import TfidfVectorizer
#调用 scikit-learn 中的 TfidfVectorizer 函数,将文本转换为可作为特征向量
```

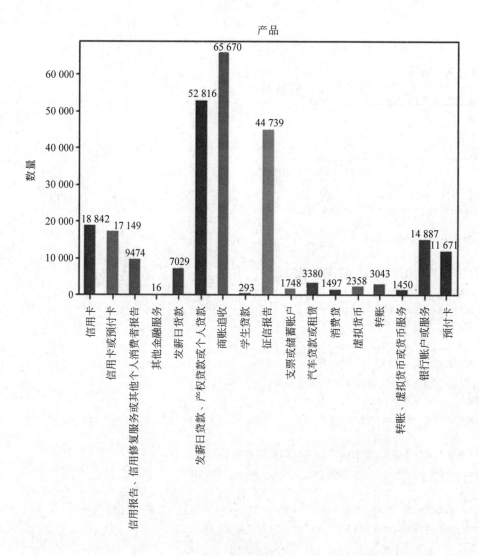

图 6.10　亚马逊消费者投诉产品类型值可视化

```
#设置停止词,stop_words='english'用来分割筛除文本中不需要的词汇,比如 a、an、the、
#and 等
tfidf=TfidfVectorizer(sublinear_tf=True, min_df=5, norm='l2',
                    encoding='latin-1', ngram_range=(1, 2), stop_words=
                    'english')
#随机获取 800 条 Consumer_complaint_narrative 特征列的数据
use_context=df_part.Consumer_complaint_narrative.sample(800, random_state=2)
print("观察提取的特征列的数据: \r\n%s"%use_context[:10])
features = tfidf.fit_transform(use_context)  #注意参数设置 min_df=5 文本内容
                                             #至少是 5 篇

#将特征转换为数组
```

```
array_features = features.toarray()
```

【代码输出】

观察提取的特征列的数据:

```
74498     On XX/XX/XXXX I was checking my credit report ...
186641    XXXX has reluctantly failed to remove what app...
234166    I bought a computer on XXXX, and paid through ...
221938    Today i\r\ns XXXX XXXX, 2017.I'm trying to g...
219552    Equifax reported a hack of some 143 million us...
29801     I received a letter from Ocwen dated XXXX XXXX...
18304     I participated 360 Capital One {$ 200.00} Money...
25370     I have written a few times and the bureaus jus...
141753    I sent a notice for verification they did not ...
127294    I have been trying to re-fi my home. Seterus, ...
Name: Consumer_complaint_narrative, dtype: object
```

案例代码清单 6-4-9

```
# 6-4-9 提取特征和标签
# 将特征转换为数组
array_features = features.toarray()
# 提取与特征对应的标签
labels = df_part.category_id.sample(800, random_state=2)
print(array_features.shape, labels.shape)
```

【代码输出】

```
(600, 2429) (600,)
```

案例代码清单 6-4-10

```
# 6-4-10 划分数据集
from sklearn.model_selection import train_test_split
# 划分训练集和测试集,默认划分比值为 4:1
X_train, X_test, Y_train, Y_test = train_test_split(array_features, labels,
random_state=0)
print(X_train.shape, Y_train.shape)
```

【代码输出】

```
(600, 2429) (600,)
```

案例代码清单 6-4-11

```
# 6-4-11 建立朴素贝叶斯模型
from sklearn.naive_bayes import MultinomialNB
obj_mnb = MultinomialNB()
```

```
#使用训练数据训练拟合朴素贝叶斯模型
obj_mnb.fit(X_train, Y_train)
```

【代码输出】

```
MultinomialNB(alpha=1.0, class_prior=None, fit_prior=True)
```

案例代码清单 6-4-12

```
#6-4-12 模型预测
print(clf.predict(count_vect.transform(["This company refuses to provide me ⋯
⋯ under the FDCPA. I do not believe this debt is mine."])))
```

【代码输出】

```
['Debt collection']
```

小结与讨论

本章中讨论了贝叶斯基础知识、最大后验分类准则和朴素贝叶斯算法的实现过程。朴素贝叶斯是基于贝叶斯公式和条件特征独立。朴素贝叶斯的主要优点有：朴素贝叶斯模型发源于古典数学理论，有稳定的分类效率；对小规模的数据表现很好，能处理多分类任务，适合增量式训练，尤其是数据量超出内存时，可以一批批地去增量训练；对缺失数据不太敏感，算法也比较简单，常用于文本分类。朴素贝叶斯的主要缺点有：朴素贝叶斯模型与其他分类方法相比具有最小的误差率。但是实际上并非总是如此，这是因为朴素贝叶斯模型假设属性之间相互独立，这个假设在实际应用中往往是不成立的，在属性个数比较多或者属性之间相关性较大时，分类效果不好。而在属性相关性较小时，朴素贝叶斯性能最为良好。对于这一点，可以考虑通过部分关联性适度改进朴素贝叶斯算法；需要知道先验概率，且先验概率很多时候取决于假设，假设的模型可以有很多种，因此在某些时候会由于假设的先验模型的原因导致预测效果不佳；由于我们是通过先验和数据来决定后验的概率从而决定分类，所以分类决策存在一定的错误率；对输入数据的表达形式很敏感。

习题

1. 为什么朴素贝叶斯是朴素的？
2. 什么是词向量？请结合实例解释。
3. 什么是 ROC 曲线？结合实例绘制 ROC 曲线。
4. 请列举朴素贝叶斯算法与其他算法的区别。
5. 请选取数据集应用朴素贝叶斯算法完成目标预测。

第 7 章　线性回归与逻辑回归

本章组织：本章一开始介绍了线性回归算法和逻辑回归算法的实现原理，然后介绍了适用于回归算法的两种损失函数：交叉熵和均方误差，最后通过拆解广告点击预测案例介绍逻辑回归算法的应用，拆解波士顿房价预测案例介绍线性回归算法的应用。

7.1 节介绍线性回归模型的实现过程；

7.2 节介绍逻辑回归的实现过程；

7.3 节介绍广告点击预测案例；

7.4 节介绍波士顿房价预测案例。

引言

在机器学习中，一般会假设特征之间存在两种关系，一种是线性关系，另一种是非线性关系。在第一种情况下，可以通过构造线性函数来描述一个特征或多个特征与预测目标的关系。描述一个特征和预测目标之间的线性函数即一元回归方法，描述多个特征和预测目标之间的线性函数即多元回归方法。在第二种情况下，可以通过曲线来拟合样本。本章将第一种情况下的机器学习模型称为线性回归模型，将第二种情况下的机器学习模型称为逻辑回归模型。

7.1　线性回归的实现

在第 1 章已经了解到机器学习的应用场景分为分类和回归，我们已经学习了很多分类算法模型，接下来学习解决回归问题的算法模型——线性回归。相信读者对线性的概念并不陌生。实际上，在机器学习的项目中，回归研究的是数据之间的非确定性关系。具体地，构建回归模型是为了描述数据特征和预测目标之间的非确定性关系。通过构建一个线性的决策函数来拟合数据特征。

从具体的实现过程来看，线性回归是用直线来最大可能地拟合所有数据特征，其特点是由一个或多个自变量和因变量之间的关系进行建模，是一个回归系数的模型参数的线性组合。线性回归算法寻找属性与预测目标之间的线性关系。通过属性选择与去掉相关性，去掉与问题无关的变量或存在线性相关性的变量。

线性回归分为一元线性回归和多元线性回归两种。一元线性回归指自变量为单一特征。例如，在房价案例中仅考虑面积对房价的影响。面积就是单一自变量；多元线性回归指自变量为多个特征。同样地，如果多考虑几个数据特征，如楼层、区域等特征对房价的影响，几个特征的组合就是多元自变量。

7.2　逻辑回归的实现

在 7.1 节中讨论了如何使用线性模型进行连续数据的预测,接下来介绍一个用于二分类的线性模型——逻辑回归。在多元线性回归模型中,假设输出标记 y 是连续值。如果解决的是二分类问题,此时输出标记就应该设置成两个离散值,比如可以将 y 的标记设置成 0 和 1。可以假设 0 表示的是反例的标签,1 表示的是正例的标签。例如,在泰坦尼克逃生预测的案例中,可以假设幸存下来的乘客标签为 1,失去生命的乘客标签为 0;当然,也可以反过来,将失去生命的乘客设置成正例,将幸存下来的乘客设置成反例。

那么现在的问题是,如何基于已经学过的多元线性回归模型来解决 0 和 1 二分类问题呢? 为了方便介绍,我们使用中间变量 z 表示线性回归模型的预测输出,那么最理想的情况下,可以使用单位阶跃函数实现分类。单位阶跃函数如图 7.1 所示。

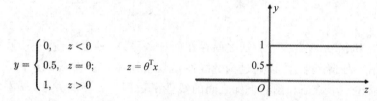

$$y = \begin{cases} 0, & z < 0 \\ 0.5, & z = 0; \\ 1, & z > 0 \end{cases} \qquad z = \theta^{\mathrm{T}} x$$

图 7.1　单位阶跃函数

当线性回归模型的预测输出 $z < 0$ 时,将输入 x 的预测成反例,即最终输出标记 $y = 0$;相反,当 $z > 0$ 时,将 x 预测成正例,即输出标记 $y = 1$。而对于临界值 $z = 0$,则可以任意判别,即认为输入 x 既可以是负例,也可以是正例。为了建模简单,假设临界点的输出标签 $y = 0.5$。

在 7.1 节中讨论了使用梯度下降方法来求解线性回归模型的参数,梯度下降方法需要计算损失函数的梯度,虽然可以通过阶跃函数将分类标记 y 与线性回归模型的输出 z 联系起来,但单位阶跃函数在 0 这一点不可导,从而导致模型参数无法很好地被学习。为了解决这个问题,可以使用 Sigmoid 函数替代阶跃函数。与阶跃函数相比,Sigmoid 函数是一个 S 形曲线,取值为 $[0,1]$。在远离 0 的地方,函数的值会很快接近 0 或 1,是一个单调递增的函数,如图 7.2 所示。

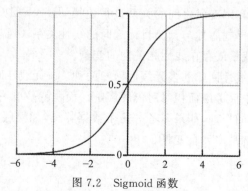

图 7.2　Sigmoid 函数

可以把 Sigmoid 函数称为逻辑函数,这种函数能够近似逼近阶跃函数,可以将输出结果转换为接近 0 或者 1 的 y 值。对于逻辑函数,其值域的取值范围为 $0<y<1$,因此可以将 y 的值视作样本 x 为正例的可能性,当中间变量 $z>0$ 时,$y>0.5$,即将 x 作为正例的可能性 >0.5;而当 $z<0$ 时,对应的 $y<0.5$,因此 x 作为正例的可能性 <0.5。由于 y 值代表的是 x 作为正例的可能性,因此 $1-y$ 代表的是 y 作为负例的可能性。基于此,通过概率表示预测输出 y,即 $p(y=1)=f(x)$,$p(y=0)=1-f(x)$,而这个概率表示的实际是伯努利分布。由于通过伯努利分布建立输入 x 和输出 y 之间的关系,因此逻辑回归可以被看作一种概率模型,其中 y 发生的概率与回归参数有关。有了映射模型的表示以后,如何求解模型的参数呢?对于概率分布的参数,一般使用极大似然进行估计。

什么是极大似然估计呢?可以通过一个故事来了解,一个猎人带着徒弟前往森林里打猎,两人同时开枪,枪响后,猎物倒下了,那么这个时候,你认为是谁命中了猎物呢?我们猜想,读者的第一反应是,认为是猎人命中猎物的可能性高。极大似然的原理正是如此,使用极大似然对参数进行估计的时候,实质上是让大概率发生的事更加可能发生,让小概率发生的事情不容易发生,但是需要注意的是,极大参数估计是一种参数估计,也就是说,极大似然只是对最大概率发生的结果的可能性进行估计。如果读者对此感兴趣,可以延伸学习。

至此,我们已经基本上了解了线性回归函数和逻辑回归函数的实现原理。我们将在后面的案例中继续讲解对于这两个算法模型的参数优化技巧。

7.3 案例1:广告点击率预测

7.3.1 案例介绍

案例名称:广告点击率预测。
案例数据:数据集包含 10 000 条广告点击数据;数据集中共包含 20 个特征值。
数据类型:包含数值型和类目型。

7.3.2 案例目标

本案例的目标是对广告点击数据进行分析和处理,应用逻辑回归对广告点击率进行预测。

7.3.3 案例拆解

案例代码清单 7-3-1

```
# 7-3-1 读取数据
import pandas as pd
import numpy as np
```

```
#创建一个 lambda 表达式,用来修改日期格式
date_parser = lambd ax: pd.datetime.strptime(x, '%y%m%d%H')
#parse_dates=['hour']用来执行需要对 hour 特征列进行修改,修改的规则用 lambda 表达式
date_parser 限制
df_ctr = pd.read_csv('../data/ctr/train.csv',
                    dtype=data_types,
                    parse_dates=['hour'],
                    date_parser=date_parser)
df_ctr.head()
df_ctr.info()
```

【代码输出】

```
<class 'pandas.core.frame.DataFrame'>
RangeIndex: 8450 entries, 0 to 8449
Data columns (total 24 columns):
id                 8450 non-null object
click              8450 non-null bool
hour               8450 non-null datetime64[ns]
C1                 8450 non-null uint16
banner_pos         8450 non-null uint16
site_id            8450 non-null object
site_domain        8450 non-null object
site_category      8450 non-null object
app_id             8450 non-null object
app_domain         8450 non-null object
app_category       8450 non-null object
device_id          8450 non-null object
device_ip          8450 non-null object
device_model       8450 non-null object
device_type        8450 non-null uint16
device_conn_type   8450 non-null uint16
C14                8450 non-null uint16
C15                8450 non-null uint16
C16                8450 non-null uint16
C17                8450 non-null uint16
C18                8450 non-null uint16
C19                8450 non-null uint16
C20                8450 non-null uint16
C21                8450 non-null uint16
dtypes: bool(1), datetime64[ns](1), object(10), uint16(12)
memory usage: 932.6+KB
```

案例代码清单 7-3-2

```
#7-3-2 特征分析
import matplotlib.pyplot as plt
#用来正常显示中文标签
plt.rcParams['font.sans-serif']=['SimHei']
#用来正常显示符号
plt.rcParams['axes.unicode_minus']=False

%matplotlib inline

def remove_id_col(df):
    df.drop('id', axis=1, inplace=True)
    return df


ctr_df = remove_id_col(ctr_df)
ctr_df['click'].value_counts() /ctr_df.shape[0]
```

【代码输出】

```
False     0.822249
True      0.177751
Name: click, dtype: float64
```

案例代码清单 7-3-3

```
#7-3-3 构造特征

def derive_time_features(df, start_hour=None, remove_original_feature=
False):
    if start_hour is None:
        start_hour = df['hour'][0]

    df['hour_int'] = ctr_df['hour'].apply(lambdax: np.floor((x-start_hour)
/          np.timedelta64(1, 'h')).astype(np.uint16))
    df['day_week'] = ctr_df['hour'].apply(lambda x: x.dayofweek)
    df['hour_day'] = ctr_df['hour'].apply(lambda x: x.hour)

    if remove_original_feature:
        df.drop('hour', axis=1, inplace=True)

    return df, start_hour


ctr_df, _ = derive_time_features(ctr_df)
```

案例代码清单 7-3-4

7-3-4 特征编码

```
features_mask = ['hour_int', 'day_week', 'hour_day', 'banner_pos', 'site_
category']
target_mask='click'

train_sample_df = ctr_df[features_mask+[target_mask]].sample(frac=0.01,
random_state=42)

def one_hot_obj_features(df, features):
    new_df = pd.get_dummies(df, columns=features, sparse=True)
    return new_df

train_sample_df = one_hot_obj_features(train_sample_df, ['site_category',
'banner_pos'])
features_mask = np.array(train_sample_df.columns[train_sample_df.columns!=
target_mask].tolist())
```

案例代码清单 7-3-5

7-3-5 划分数据集
```
from sklearn.model_selection import train_test_split

X_train, X_test, y_train, y_test = train_test_split(
    train_sample_df[features_mask].values,
    train_sample_df[target_mask].values,
    stratify=train_sample_df[target_mask],
    test_size=0.3,
    random_state=42
)
```

案例代码清单 7-3-6

7-3-6 建立模型
```
from sklearn.linear_model import LogisticRegression

lr_clf = LogisticRegression(penalty='l1', class_weight='balanced', C=0.01)
lr_clf.fit(X_train, y_train)
```
【代码输出】

```
LogisticRegression(C=0.01, class_weight='balanced', dual=False,
      fit_intercept=True, intercept_scaling=1, max_iter=100,
      multi_class='ovr', n_jobs=1, penalty='l1', random_state=None,
      solver='liblinear', tol=0.0001, verbose=0, warm_start=False)
```

案例代码清单 7-3-7

```
#7-3-7 评估模型
from sklearn.metrics import f1_score

y_pred = lr_clf.predict(X_test)
f1_score(y_test, y_pred, average='weighted')
```

【代码输出】

0.041025641025641033

7.4 案例 2：波士顿房价预测

7.4.1 案例介绍

案例名称：波士顿房价预测。

案例数据：数据集包含 10 000 条房价数据；数据集中共包 72 个特征值。

数据类型：包含数值型和类目型。

7.4.2 案例目标

本案例的目标是对波士顿房价数据进行分析和处理，应用线性回归对波士顿房价进行预测。

7.4.3 案例拆解

案例代码清单 7-4-1

```
#7-4-1 读取数据
import pandas as pd
hp_df = pd.read_csv('data/house_price/train.csv')
hp_df.head()
hp_df.info()
```

【代码输出】

波士顿房价数据 5 个样本如图 7.3 所示。

【代码输出】

```
<class 'pandas.core.frame.DataFrame'>
RangeIndex: 1460 entries, 0 to 1459
```

	Id	MSSubClass	MSZoning	LotFrontage	LotArea	Street	Alley	LotShape	LandContour	Utiliti
0	1	60	RL	65.0	8450	Pave	NaN	Reg	Lvl	AllP
1	2	20	RL	80.0	9600	Pave	NaN	Reg	Lvl	AllP
2	3	60	RL	68.0	11250	Pave	NaN	IR1	Lvl	AllP
3	4	70	RL	60.0	9550	Pave	NaN	IR1	Lvl	AllP
4	5	60	RL	84.0	14260	Pave	NaN	IR1	Lvl	AllP

5 rows × 81 columns

图 7.3　波士顿房价数据前 5 个样本

```
Data columns (total 81 columns):
Id                 1460 non-null int64
MSSubClass         1460 non-null int64
MSZoning           1460 non-null object
LotFrontage        1201 non-null float64
LotArea            1460 non-null int64
Street             1460 non-null object
Alley              91 non-null object
LotShape           1460 non-null object
LandContour        1460 non-null object
Utilities          1460 non-null object
LotConfig          1460 non-null object
LandSlope          1460 non-null object
Neighborhood       1460 non-null object
Condition1         1460 non-null object
Condition2         1460 non-null object
BldgType           1460 non-null object
HouseStyle         1460 non-null object
OverallQual        1460 non-null int64
OverallCond        1460 non-null int64
YearBuilt          1460 non-null int64
YearRemodAdd       1460 non-null int64
RoofStyle          1460 non-null object
RoofMatl           1460 non-null object
Exterior1st        1460 non-null object
Exterior2nd        1460 non-null object
MasVnrType         1452 non-null object
MasVnrArea         1452 non-null float64
ExterQual          1460 non-null object
ExterCond          1460 non-null object
Foundation         1460 non-null object
BsmtQual           1423 non-null object
BsmtCond           1423 non-null object
```

```
BsmtExposure      1422 non-null object
BsmtFinType1      1423 non-null object
BsmtFinSF1        1460 non-null int64
BsmtFinType2      1422 non-null object
BsmtFinSF2        1460 non-null int64
BsmtUnfSF         1460 non-null int64
TotalBsmtSF       1460 non-null int64
Heating           1460 non-null object
HeatingQC         1460 non-null object
CentralAir        1460 non-null object
Electrical        1459 non-null object
1stFlrSF          1460 non-null int64
2ndFlrSF          1460 non-null int64
LowQualFinSF      1460 non-null int64
GrLivArea         1460 non-null int64
BsmtFullBath      1460 non-null int64
BsmtHalfBath      1460 non-null int64
FullBath          1460 non-null int64
HalfBath          1460 non-null int64
BedroomAbvGr      1460 non-null int64
KitchenAbvGr      1460 non-null int64
KitchenQual       1460 non-null object
TotRmsAbvGrd      1460 non-null int64
Functional        1460 non-null object
Fireplaces        1460 non-null int64
FireplaceQu       770 non-null object
GarageType        1379 non-null object
GarageYrBlt       1379 non-null float64
GarageFinish      1379 non-null object
GarageCars        1460 non-null int64
GarageArea        1460 non-null int64
GarageQual        1379 non-null object
GarageCond        1379 non-null object
PavedDrive        1460 non-null object
WoodDeckSF        1460 non-null int64
OpenPorchSF       1460 non-null int64
EnclosedPorch     1460 non-null int64
3SsnPorch         1460 non-null int64
ScreenPorch       1460 non-null int64
PoolArea          1460 non-null int64
PoolQC            7 non-null object
Fence             281 non-null object
MiscFeature       54 non-null object
MiscVal           1460 non-null int64
```

```
MoSold          1460 non-null int64
YrSold          1460 non-null int64
SaleType        1460 non-null object
SaleCondition   1460 non-null object
SalePrice       1460 non-null int64
dtypes: float64(3), int64(35), object(43)
memory usage: 924.0+KB
```

案例代码清单 7-4-2

```python
# 7-4-2 特征分析
import seaborn as sns
import matplotlib.pyplot as plt
#用来正常显示中文标签
plt.rcParams['font.sans-serif']=['SimHei']
#用来正常显示符号
plt.rcParams['axes.unicode_minus']=False

%matplotlib inline

hp_df['Street'].value_counts()
hp_df['SalePrice'].mean()
```

【代码输出】

```
Pave    1454
Grvl       6
Name: Street, dtype: int64

180921.19589041095
```

案例代码清单 7-4-3

```python
# 7-4-3 特征筛选

feature_names = ['MSSubClass', 'LotFrontage', 'LotArea', 'OverallQual',
    'OverallCond', 'YearBuilt', 'YearRemodAdd', 'MasVnrArea', 'BsmtFinSF1',
    'BsmtFinSF2', 'BsmtUnfSF', 'TotalBsmtSF', '1stFlrSF', '2ndFlrSF',
    'LowQualFinSF', 'GrLivArea', 'BsmtFullBath', 'BsmtHalfBath', 'FullBath',
    'HalfBath', 'BedroomAbvGr', 'KitchenAbvGr', 'TotRmsAbvGrd',
    'Fireplaces', 'GarageYrBlt', 'GarageCars', 'GarageArea', 'WoodDeckSF',
    'OpenPorchSF', 'EnclosedPorch', '3SsnPorch', 'ScreenPorch', 'PoolArea',
    'MiscVal', 'MoSold', 'YrSold']

features = hp_df[feature_names]
mean_cols = hp_df[feature_names].mean()
```

```
hp_df[feature_names] = hp_df[feature_names].fillna(mean_cols)
hp_df[feature_names].isnull().sum().sort_values(ascending=False).head(10)
```

【代码输出】

```
LotFrontage    259
GarageYrBlt     81
MasVnrArea       8
YrSold           0
BsmtFinSF2       0
LowQualFinSF     0
2ndFlrSF         0
1stFlrSF         0
TotalBsmtSF      0
BsmtUnfSF        0
dtype: int64
```

案例代码清单 7-4-4

```
# 7-4-4 划分数据集
from sklearn.model_selection import train_test_split

features = hp_df[feature_names]
target = hp_df['SalePrice']

X_train, X_test, y_train, y_test = train_test_split(
    features.values,
    target,
    test_size=0.3,
    random_state=42)
```

案例代码清单 7-4-5

```
# 7-4-5 数据规范化
from sklearn.preprocessing import MinMaxScaler

mm = MinMaxScaler()
X_train = mm.fit_transform(X_train)
X_test = mm.fit_transform(X_test)

y_train = mm.fit_transform(y_train.reshape(-1,1))
y_test = mm.transform(y_test.reshape(-1,1))
```

案例代码清单 7-4-6

```
#7-4-6 引入模型
from sklearn.linear_model import LinearRegression

lr_clf2 = LinearRegression()
lr_clf2.fit(X_train, y_train)
```

【代码输出】

```
LinearRegression(copy_X=True, fit_intercept=True, n_jobs=1, normalize=False)
```

案例代码清单 7-4-7

```
#7-4-7 模型评估
from sklearn.metrics import mean_squared_error

mean_squared_error(y_test, y_pred)
mean_squared_error(y_train, y_pred1)
```

【代码输出】

```
0.020933265352117529
0.0023744996024445859
```

小结与讨论

本章讨论了线性回归与逻辑回归算法。线性回归算法一般适用于回归场景,而逻辑回归则适用于分类任务,这是由二者的损失函数所决定的。线性回归一般使用均方误差和损失函数,逻辑回归采用交叉熵损失函数。均方误差损失函数和交叉熵损失函数是两种比较经典的损失函数,其应用也比较广泛。

习题

1. 回归问题的评价指标有哪些?
2. 逻辑回归的目标函数是什么?
3. 请结合实例解释线性回归与逻辑回归的区别。
4. 请结合数据集分别说明线性回归与逻辑回归的重要参数。
5. 请选取数据集应用线性回归与逻辑回归算法完成目标预测。

第8章 集成思想

本章组织：本章首先分别介绍了基于 Bagging 思想的随机森林算法模型和基于 Boosting 思想的梯度提升决策树算法模型的实现原理，最后通过两个案例拆解分别介绍了随机森林算法的应用和梯度提升决策树的应用。

8.1 节介绍基于 Bagging 思想的随机森林算法模型；

8.2 节介绍基于 Boosting 思想的梯度提升决策树算法模型；

8.3 节分析美国人口普查数据并应用随机森林算法模型预测个人年收入；

8.4 节分析公共自行车租赁数据并应用梯度提升树算法模型对自行车固定时间内租用次数进行预测。

引言

在机器学习中，往往通过组合基础模型来实现模型的准确度同时提升模型防止过拟合的能力，这正是集成学习思想。事实上，组合集成模型中的基础模型可以分为强模型和弱模型两种：强模型是指偏差低方差高的模型，弱模型是指偏差高方差低的模型。基础模型是强模型的集成思想，称为 Bagging，代表模型是随机森林模型；基础模型是弱模型的集成思想，称为 Boosting，代表模型是梯度提升树模型。

8.1 随机森林

随机森林是典型的基于 Bagging 思想的模型，通过组合多个基础的强模型来实现降低模型方差的效果，以提高模型的防止过拟合能力。随机森林中的基模型是树模型，在树的内部节点分裂过程中，树模型通过随机抽样的方式来选取部分特征进行筛选，这就导致各个基模型之间的相关性降低，因此，根据方差公式，形成的多棵树模型整体方差会相应降低。

从具体实现过程看，随机森林的实现分为基础模型构建决策树、随机变换数据构建多棵树、共同决策投票预测 3 个步骤。首先，应用强的基础模型对输入数据进行特征选取并构建决策树，在这个过程中与决策树实现原理一致，但弱的基础模型仅选取输入数据的部分特征。其次，通过随机有放回选择训练数据重复第一个步骤构建了由多棵强基础模型形成的决策树，即为随机森林，在这一过程中，实现了模型避免过拟合的效果。最后，随机森林的预测过程是由多棵树对新输入的数据进行投票决策，最简单的投票机制有：一票否决制、少数服从多数（可加权）、阈值表决，如贝叶斯投票机制等。如在分类问题中，随机森林中每棵决策树会对新样本分别各自独立判断，看这个样本应该属于哪一类，然后看哪一类被选择最多，就选择预测此样本为哪一类。

8.2　梯度提升决策树

梯度提升决策树是典型的基于 Boosting 框架的模型,通过组合多个基础的弱模型来实现降低模型偏差的效果,以提高模型的准确度。梯度提升决策树属于迭代算法,通过不断地使用一个弱学习器弥补前一个弱学习器的"不足"的过程,来串行地构造一个较强的学习器,能够使目标函数值足够小。它通过迭代训练一系列的分类器,每个分类器采用的样本的选择方式都和上一轮的学习结果有关。梯度提升决策树模型中基模型也为树模型,主要对特征进行随机抽样来使基模型间的相关性降低,从而达到减少方差的效果。

具体实现过程为:先用一个初始值来学习一棵决策树叶子处可以得到预测的值,以及预测之后的残差,然后后面的决策树就要基于前面决策树的残差来学习,直到预测值和真实值的残差为零。最后对于测试样本的预测值,就是前面许多棵决策树预测值的累加。随着基模型数的增多,整体模型的期望值增加,更接近真实值,因此,整体模型的准确度提高。因为训练过程中准确度提高的主要功臣是整体模型在训练集上的准确度提高,而随着训练的进行,整体模型的方差变大,导致防止过拟合的能力变弱,最终导致了准确度反而有所下降。

8.3　案例 1：美国居民收入预测

8.3.1　案例介绍

案例名称：美国居民收入预测。
案例数据：属性变量包含年龄、工种、学历、职业、人种、性别、资本积累。
数据类型：6 个数值类型特征、9 个类目型特征。

8.3.2　案例目标

本案例的目标是对美国人口普查数据进行分析处理和建模,预测居民收入是否超过 50 000。完成数据观察和初步分析。在这个过程中,主要学习类目型数据的新的编码方法、随机森林模型的应用、网格参数搜索方法。

8.3.3　案例拆解

案例代码清单 8-3-1

```
# 8-3-1 读取数据
import pandas as pd
df_adult=pd.read_csv("../data/adult.csv")
```

```
df_adult.head()
df_adult.info()
```

【代码输出】

美国居民收入数据 5 个样本如图 8.1 所示。

Age	workclass	fnlwgt	education	education-num	marital-status	occupation	relationship	race	sex	capital-gain	capital-loss
22	7	77516	9	13	4	1	1	4	1	2174	0
33	6	83311	9	13	2	4	0	4	1	0	0
21	4	215646	11	9	0	6	1	4	1	0	0
36	4	234721	1	7	2	6	0	2	1	0	0
11	4	338409	9	13	2	10	5	2	0	0	0

图 8.1　美国居民收入数据 5 个样本

【代码输出】

```
<class 'pandas.core.frame.DataFrame'>
RangeIndex: 32561 entries, 0 to 32560
Data columns (total 15 columns):
Age              32561 non-null int64
workclass        32561 non-null object
fnlwgt           32561 non-null int64
education        32561 non-null object
education-num    32561 non-null int64
marital-status   32561 non-null object
occupation       32561 non-null object
relationship     32561 non-null object
race             32561 non-null object
sex              32561 non-null object
capital-gain     32561 non-null int64
capital-loss     32561 non-null int64
hours-per-week   32561 non-null int64
native-country   32561 non-null object
Annual_income    32561 non-null object
dtypes: int64(6), object(9)
memory usage: 3.7+MB
```

案例代码清单 8-3-2

```
#8-3-2 观察数据
#查看 education 特征中所有的取值类别
print(df_adult.education.unique())
#查看 education 特征中每个类别的数量
print(df_adult.education.value_counts())
```

\#查看 Annual_income 中每个类别的数量

```
print(df_adult.Annual_income.value_counts())
```

【代码输出】

```
[' Bachelors'' HS-grad'' 11th'' Masters'' 9th'' Some-college'
' Assoc-acdm'' Assoc-voc'' 7th-8th'' Doctorate'' Prof-school'
' 5th-6th'' 10th'' 1st-4th'' Preschool'' 12th']
HS-grad          10501
Some-college      7291
Bachelors         5355
Masters           1723
Assoc-voc         1382
11th              1175
Assoc-acdm        1067
10th               933
7th-8th            646
Prof-school        576
9th                514
12th               433
Doctorate          413
5th-6th            333
1st-4th            168
Preschool           51
Name: education, dtype: int64
<=50K\          24720
>50K\            7841
Name: Annual_income, dtype: int64
```

案例代码清单 8-3-3

\#8-3-3 特征编码

\#将所有类型 object 的特征列中的值用 0 至当前特征列类目数-1 表示

```
for feature in df_adult.columns:
    if df_adult[feature].dtype =='object':
        df_adult[feature] = pd.Categorical(df_adult[feature]).codes
df_adult.head()
```

【代码输出】

美国居民收入数据特征编码如图 8.2 所示。

	Age	workclass	fnlwgt	education	education-num	marital-status	occupation	relationship	race	sex	capital-gain	capital-loss	hours-per-week	native-country	Annual_income
0	39	7	77516	9	13	4	1	1	4	1	2174	0	40	39	0
1	50	6	83311	9	13	2	4	0	4	1	0	0	13	39	0
2	38	4	215646	11	9	0	6	1	4	1	0	0	40	39	0
3	53	4	234721	1	7	2	6	0	2	1	0	0	40	39	0
4	28	4	338409	9	13	2	10	5	2	0	0	0	40	5	0

图 8.2　美国居民收入数据特征编码

案例代码清单 8-3-4

```
# 8-3-4 Annual_income 值对应的数量
# 查看 Annual_income 特征列中不同类型的值对应的数量
df_adult['Annual_income'].value_counts()
```

【代码输出】

```
0    24720
1     7841
Name: Annual_income, dtype: int64
```

案例代码清单 8-3-5

```
# 8-3-5 划分数据集
from sklearn.model_selection import train_test_split

# 将 Annual_income 特征列设为标签列
Y_ds = df_adult['Annual_income']
# 将除 Annual_income 特征列以外的所有数据设为训练数据集
X_ds = df_adult.drop(['Annual_income'], axis =1)

# 划分训练集和测试集，比例为 7∶3
X_train, X_test, Y_train, Y_test=train_test_split(
    X_ds, Y_ds, test_size=0.3, random_state=1)
```

【代码输出】

```
(22792, 14) (9769, 14)
```

案例代码清单 8-3-6

```
# 8-3-6 特征规范化处理
from sklearn.preprocessing import MinMaxScaler
mms = MinMaxScaler()
X_train_mms = mms.fit_transform(X_train)
X_test_mms = mms.fit_transform(X_test)
```

案例代码清单 8-3-7

```
# 8-3-7 建立随机森林模型
from sklearn.ensemble import RandomForestClassifier
# 创建一个有 500 棵树的随机森林对象 obj_rfr
obj_rfr = RandomForestClassifier(n_estimators=500)
# 用训练集进行训练
obj_rfr.fit(X_train_mms, Y_train)
```

【代码输出】

```
RandomForestClassifier(bootstrap=True, class_weight=None, criterion='gini',
            max_depth=None, max_features='auto', max_leaf_nodes=None,
            min_impurity_decrease=0.0, min_impurity_split=None,
            min_samples_leaf=1, min_samples_split=2,
            min_weight_fraction_leaf=0.0, n_estimators=500,
            n_jobs=None, oob_score=False, random_state=None,
            verbose=0, warm_start=False)
```

案例代码清单 8-3-8

```
#8-3-8 模型评分
#测试在训练集上的得分
print("训练集得分:%s"%obj_rfr.score(X_train_mms, Y_train))
#测试在测试集上的得分
print("训练集得分:%s"%obj_rfr.score(X_test_mms, Y_test))
```

【代码输出】

训练集得分:0.999956124956125
训练集得分:0.8629337700890573

案例代码清单 8-3-9

```
#8-3-9 超参数搜索
from sklearn.model_selection import GridSearchCV
list_parameters = [{'n_estimators':[10,100,500]}]
#遍历列表每个字典所跨越的网格
obj_gscv = GridSearchCV(obj_rfr, list_parameters)
obj_gscv.fit(X_train, Y_train)
```

【代码输出】

```
GridSearchCV(cv='warn', error_score='raise-deprecating',
        estimator=RandomForestClassifier(bootstrap=True, class_weight=None,
                            criterion='gini', max_depth=None,
                            max_features='auto',
                            max_leaf_nodes=None,
                            min_impurity_decrease=0.0,
                            min_impurity_split=None,
                            min_samples_leaf=1,
                            min_samples_split=2,
                            min_weight_fraction_leaf=0.0,
                            n_estimators=500, n_jobs=None,
                            oob_score=False,
                            random_state=None, verbose=0,
```

```
                                   warm_start=False),
        iid='warn', n_jobs=None,
        param_grid=[{'n_estimators': [10, 100, 500]}],
        pre_dispatch='2 * n_jobs', refit=True, return_train_score=False,
        scoring=None, verbose=0)
```

案例代码清单 8-3-10

```
# 8-3-10 训练集评分
from sklearn.metrics import accuracy_score
# 预测训练集
Y_train_pred = obj_rfr.predict(X_train_mms)
# 查看训练集上的得分, accuracy_score 可计算所有分类正确的百分比
accuracy_score(Y_train, Y_train_pred)
```

【代码输出】

```
0.999956124956125
```

案例代码清单 8-3-11

```
# 8-3-11 测试集评分
# 在测试集上进行预测
Y_test_pred = obj_rfr.predict(X_test_mms)
# 查看测试集上的得分, accuracy_score 可计算所有分类正确的百分比
accuracy_score(Y_test, Y_test_pred)
```

【代码输出】

```
0.8629337700890573
```

案例代码清单 8-3-12

```
# 8-3-12 模型预测
from sklearn.model_selection import learning_curve
import matplotlib.pyplot as plt
plt.rcParams['font.sans-serif']=['SimHei']
plt.rcParams['axes.unicode_minus']=False
%matplotlib inline

import numpy as np
def plot_learning_curve(estimator, title, X, y, ylim=None, cv=None,
                    n_jobs=None, train_sizes=np.linspace(.1, 1.0, 5)):

    plt.figure()
    plt.title(title)
    if ylim is not None:
```

```
        plt.ylim( * ylim)
    plt.xlabel(u"训练样本数")
    plt.ylabel(u"得分")
    train_sizes, train_scores, test_scores = learning_curve(
        estimator, X, y, cv=cv, n_jobs=n_jobs, train_sizes=train_sizes)
    train_scores_mean = np.mean(train_scores, axis=1)
    train_scores_std = np.std(train_scores, axis=1)
    test_scores_mean = np.mean(test_scores, axis=1)
    test_scores_std = np.std(test_scores, axis=1)
    plt.grid()

    plt.fill_between(train_sizes, train_scores_mean-train_scores_std,
                     train_scores_mean+train_scores_std, alpha=0.1,
                     color="r")
    plt.fill_between(train_sizes, test_scores_mean-test_scores_std,
                     test_scores_mean+test_scores_std, alpha=0.1, color="g")
    plt.plot(train_sizes, train_scores_mean, 'o-', color="r",
             label="Training score")
    plt.plot(train_sizes, test_scores_mean, 'o-', color="g",
             label="Cross-validation score")

    plt.legend(loc="best")
    return plt
plot_learning_curve(obj_rfr, u"学习曲线--", X, y, cv=10)
```

【代码输出】

学习曲线如图 8.3 所示。

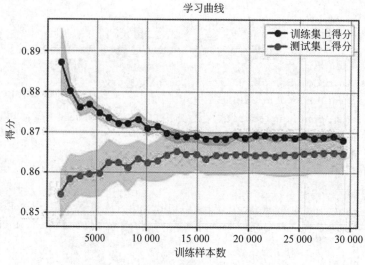

图 8.3　学习曲线

案例代码清单 8-3-13

```
#8-3-13 重要特征排列
fig,ax = plt.subplots(dpi=120)
plt.bar(range(len(obj_rfr.feature_importances_)),obj_rfr.feature_
importances_)

#df_iris_mean.plot.bar(color=['r','g','b','y'],rot=0)

#plt.xticks([x for x in range(14)])
plt.xticks([xforxinrange(14)],X_train.columns.tolist(),rotation=50)

plt.xlabel("所有特征列名称")
plt.ylabel("特征不纯度值")

for ind,val in enumerate(obj_rfr.feature_importances_):
    if ind == 6:
        ax.text(ind-0.58,val-0.007,str(round(val,3)))
        pass
    elif ind == 8:
        ax.text(ind-0.57,val+0.005,str(round(val,3)))
    else:
        ax.text(ind-0.57,val+0.001,str(round(val,3)))
print(obj_rfr.feature_importances_)
```

【代码输出】

学习曲线如图 8.4 所示。

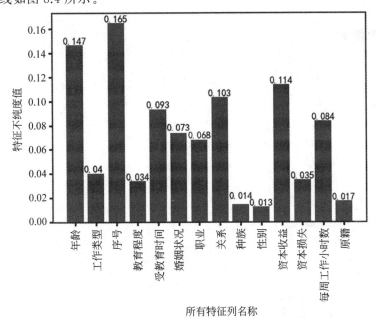

图 8.4　学习曲线

从图 8.4 中可以观察到,影响美国人口年收入的重要因素是资本的积累,而影响最弱的因素是教育程度。基于此,我们可以通过进一步筛选特征来重新训练模型,观察模型在测试集上的准确率是否提高或者观察模型的过拟合能力是否降低。

8.4 案例 2:公共自行车租赁预测

8.4.1 案例介绍

案例名称:公共自行车租赁预测。

案例数据:这是一个城市自行车租赁系统,提供的数据为两年内华盛顿按小时记录的自行车租赁数据。训练集由每个月的前 19 天组成,测试集由每个月 20 日之后的时间组成。

数据类型:10 个数值类型特征、1 个类目型特征。

8.4.2 案例目标

本案例的目标是对公共自行车租赁数据进行处理和分析,应用基于集成思想的梯度提升决策树回归器对限定时间内自行车使用次数进行预测。在这个过程中,将学习对公共自行车租赁数据采样、数据观察和初步分析,对时间序列数据进行处理,去除多余特征,保存数据,划分数据集,调用梯度提升决策树模型回归器进行模型训练和模型预测,调用回归评价指标均方误差对训练好的模型进行评价,调用梯度提升决策树的内嵌特征选择方法对公共自行车租赁的特征数据进行排序,并通过可视化方法将结果可视化。

8.4.3 案例拆解

案例代码清单 8-4-1

```
# 8-4-1 读取数据
import pandas as pd
df_adult = pd.read_csv("../data/adult.csv")
df_adult.head()
df_adult.info()
```

【代码输出】

公共自行车租赁数据前 5 个样本如图 8.5 所示。

	datetime	season	holiday	workingday	weather	temp	atemp	humidity	windspeed	casual	registered	count
0	2011-01-01 00:00:00	1	0	0	1	9.84	14.395	81	0.0	3	13	16
1	2011-01-01 01:00:00	1	0	0	1	9.02	13.635	80	0.0	8	32	40
2	2011-01-01 02:00:00	1	0	0	1	9.02	13.635	80	0.0	5	27	32
3	2011-01-01 03:00:00	1	0	0	1	9.84	14.395	75	0.0	3	10	13
4	2011-01-01 04:00:00	1	0	0	1	9.84	14.395	75	0.0	0	1	1

图 8.5 公共自行车租赁数据前 5 个样本

【代码输出】

```
<class 'pandas.core.frame.DataFrame'>
RangeIndex: 10886 entries, 0 to 10885
Data columns (total 12 columns):
datetime      10886 non-null object
season        10886 non-null int64
holiday       10886 non-null int64
workingday    10886 non-null int64
weather       10886 non-null int64
temp          10886 non-null float64
atemp         10886 non-null float64
humidity      10886 non-null int64
windspeed     10886 non-null float64
casual        10886 non-null int64
registered    10886 non-null int64
count         10886 non-null int64
dtypes: float64(3), int64(8), object(1)
memory usage: 1020.7+KB
```

案例代码清单 8-4-2

```
#8-4-2 观察数据
df_bike['temp'].head()
#count 特征列的均值
df_bike['count'].mean()
```

【代码输出】

```
0    9.84
1    9.02
2    9.02
3    9.84
4    9.84
Name: temp, dtype: float64
```

```
191.57413191254824
```

案例代码清单 8-4-3

```
#8-4-3 时间序列处理

#获取 datetime 特征列中的月份,并添加一列用于保存此值
df_bike['month'] = pd.DatetimeIndex(df_bike.datetime).month
#获取 datetime 特征列中的星期信息,并添加一列用于保存此值
df_bike['day'] = pd.DatetimeIndex(df_bike.datetime).dayofweek
```

```
#获取 datetime 特征列中的小时信息,并添加一列用于保存此值
df_bike['hour'] = pd.DatetimeIndex(df_bike.datetime).hour
#增加时间特征数据增加时间特征数据
time_feature = ['month','day','hour']
#获取'month','day','hour'三列特征列,查看前 5 行数据
df_bike[time_feature].head()
```

【代码输出】

公共自行车租赁数据时间特征处理如图 8.6 所示。

	month	day	hour
0	1	5	0
1	1	5	1
2	1	5	2
3	1	5	3
4	1	5	4

图 8.6　公共自行车租赁数据时间特征处理

案例代码清单 8-4-4

```
#8-4-4 剔除多余特征
#删除'datetime','casual','registered'特征列数据
df_bike = df_bike.drop(['datetime','casual','registered'], axis =1)
```

案例代码清单 8-4-5

```
#8-4-5 保存数据
list_column = ["season","holiday","workingday","weather","temp",
            "atemp","humidity","windspeed","month","day","count"]

#从 bike_df.csv 文件读取数据集,执行列名为 list_column 对象的内容
df_bike.to_csv("../data/bike_df.csv", columns = list_column, index = None)
```

案例代码清单 8-4-6

```
#8-4-6 划分数据集
from sklearn.model_selection import train_test_split
#去掉 count 特征列的数据保存为训练数据
X_ds = df_bike_2.drop(['count'], axis =1)
#count 特征列保存为标签列
Y_ds = df_bike_2['count']
#划分训练集和测试集,比例为 7∶3
X_train, X_test, Y_train, Y_test=train_test_split(X_ds, Y_ds, test_size=0.3,
random_state=1)
```

```
print(X_train.shape, X_test.shape)
```

案例代码清单 8-4-7

```
#8-4-7 特征规范化处理
from sklearn.preprocessing import MinMaxScaler
M_S = MinMaxScaler()
X_train_MS = M_S.fit_transform(X_train)
X_test_MS = M_S.fit_transform(X_test)
Y_train_MS = M_S.fit_transform(Y_train.values.reshape(-1,1))
Y_test_MS = M_S.fit_transform(Y_test.values.reshape(-1,1))
```

案例代码清单 8-4-8

```
#8-4-8 建立 GBDT 模型
from sklearn.ensemble import GradientBoostingRegressor
#在每一次迭代中给每一个树的估算器设置相同的随机数种子,并且保证每次迭代划分的数据内
#容相同
obj_gbdt = GradientBoostingRegressor(random_state=10)
#使用训练集和训练集标签拟合 GBDT 模型
obj_gbdt.fit(X_train_MS, Y_train_MS)
```

【代码输出】

```
GradientBoostingRegressor(alpha=0.9, criterion='friedman_mse', init=None,
                learning_rate=0.1, loss='ls', max_depth=3,
                max_features=None, max_leaf_nodes=None,
                min_impurity_decrease=0.0, min_impurity_split=None,
                min_samples_leaf=1, min_samples_split=2,
                min_weight_fraction_leaf=0.0, n_estimators=100,
                n_iter_no_change=None, presort='auto',
                random_state=10, subsample=1.0, tol=0.0001,
                validation_fraction=0.1, verbose=0, warm_start=False)
```

案例代码清单 8-4-9

```
#8-4-9 模型评分
from sklearn.metrics import mean_squared_error
#使用 GBDT 模型对测试集进行预测
Y_pred = obj_gbdt.predict(X_test_MS)
#使用 GBDT 模型对训练集进行预测
Y_train_pre = obj_gbdt.predict(X_train_MS)
#计算训练集上的均方误差 MSE
mean_squared_error(Y_train_MS, Y_train_pre)
```

【代码输出】

0.021052298183465164

案例代码清单 8-4-10

```
# 8-4-10 观察重要特征
import matplotlib.pyplot as plt
import numpy as np
%matplotlib inline
plt.rcParams['font.sans-serif']=['SimHei']        #用来正常显示中文标签
plt.rcParams['axes.unicode_minus']=False          #用来正常显示负号

#查看每个特征列的不纯度
feature_importance = obj_gbdt.feature_importances_
feature_importance = 100.0 * (feature_importance/feature_importance.max())
sorted_idx = np.argsort(feature_importance)
pos = np.arange(sorted_idx.shape[0]) +.5
fig,ax = plt.subplots(dpi=120)
plt.barh(pos, feature_importance[sorted_idx], align='center')
plt.yticks(pos, X_train.columns[sorted_idx])
plt.xlabel('Relative Importance')
plt.title('Variable Importance')

for ind,val in enumerate(feature_importance[sorted_idx]):
    ax.text(val,ind+0.3,str(round(val,3)))

plt.show()
```

【代码输出】

公共自行车租赁数据重要特征如图 8.7 所示。

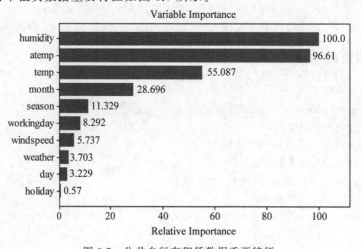

图 8.7　公共自行车租赁数据重要特征

小结与讨论

本章中讨论了集成思想。集成思想的核心是将多个基础模型通过组合的方式以实现模型的最佳效果。基础模型可以分为弱算法模型和强算法模型。Bagging 思想是组合强算法模型,目的是降低模型方差,提高模型的防止过拟合能力。Boosting 思想是组合弱算法模型,目的是降低模型的偏差,提高模型的准确度。随机森林是典型的基于 Bagging 思想的算法模型,梯度提升决策树是基于 Boosting 思想的算法模型。

习题

1. 什么是集成思想?请结合生活中的场景说明。
2. 请拓展补充集成思想的其他模型。
3. 请分开解释弱模型和强模型的特点。
4. 随机森林和梯度提升决策树的区别和联系是什么?
5. 请选取数据集应用集成思想完成目标预测。

第9章 聚类与降维

本章组织：本章介绍无监督学习思想。首先，对聚类问题做一个概要介绍，包括簇的定义、距离、相似性度量方法。其次，介绍层次聚类法和划分式聚类算法的聚类思想。最后，介绍了毒蘑菇数据聚类分析案例和图像压缩案例。

9.1 节介绍簇的定义，距离与相似度性度量方法；

9.2 节介绍 K-Means 算法的实现；

9.3 节介绍毒蘑菇聚类分析案例；

9.4 节介绍图像压缩案例。

引言

在前面的章节中讨论了监督学习算法，本章讨论非监督学习算法。监督学习要求每一个训练样本都有输出标记。利用输入和输出对 (X,Y)，建立输入空间 X 到输出空间 Y 的映射 f。就 f 的表示方法，我们学习了逻辑回归、SVM、贝叶斯。总的来说，监督学习的目的是，通过对有限的标记数据学习决策函数 f，从而预测未见样本的标签。非监督学习是机器学习的另一大学习任务。与监督学习不同，非监督学习的每个训练示例都没有标签。换言之，非监督学习的输入是 N 个无标记示例组成的数据矩阵。非监督学习的目的是通过对原始未标记的数据学习，来揭示数据的内在性质及规律。

9.1 聚类概述

在机器学习项目中，非监督学习的主要表现形式就是对无标签数据进行聚类。首先来了解聚类的定义。观察如图 9.1 所示的二维空间中的点集，很显然可以以"簇"的形式将其划分为三个簇，划分后如图 9.2 所示。

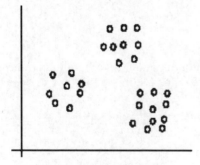
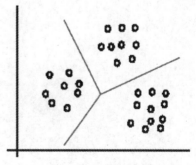

图 9.1 二维空间中的点集　　　　图 9.2 划分簇后二维空间中的点集

按照这个逻辑,可以将聚类描述为样本聚成不同簇的过程,这是无监督学习任务中最为常见的一种形式。而这个时候,问题来了,聚类的依据是什么? 对数据聚类以后要求内距小、簇间距大:一个簇中的样本之间彼此相似,而不同簇之间的的样本不相似,具体如图 9.3 所示。

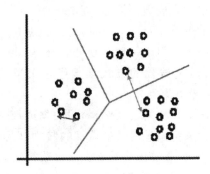

图 9.3　二维空间中的点集

接下来,具体讨论一下簇的概念。

首先,聚类是一个主观问题,对同一组对象,可以有多个合理的聚类结果。例如,对于一组对象,可以根据它们是不是人物画进行聚类,也可以根据性别进行聚类。再例如,对于这些对象,既可以根据立方体的颜色聚类,将红色的聚为一类,绿色的聚为另一类;也可以根据字母进行聚类,将写着字母 B 的聚为一类,写着字母 A 的聚为另一类,如图 9.4 所示。

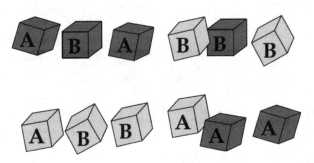

图 9.4　不同方案下的聚类结果

在机器学习中,聚类的目标是:要求簇内的样本之间彼此相似,簇间的样本彼此不相似。那么如何度量数据之间的相似性呢? 例如,两张图片是相似还是不相似? 相似度有多大? 为了解决相似性度量问题,机器学习将聚类对象转换为数值向量,从而使得相似可通过计算距离量化。例如,在计算机视觉中,为了解决图像之间的相似问题,可以通过神经网络提取每张图片的特征向量,然后使用特征向量之间的距离描述两张图片之间的相似性。聚类中最常用的距离度量是闵可夫斯基距离:

$$d(x,y) = r\sqrt{\sum_{i=1}^{p} |x_i - y_i|^r}$$

在闵可夫斯基距离中,取 $r=2,1$ 和 ∞,就变成了我们非常熟悉的距离公式。当 $r=2$

时,就是欧氏距离的计算公式;当 $r=1$ 时,是曼哈顿距离的计算公式;而当 $r=\infty$ 时,则是最大距离的定义。

针对聚类问题,最经常使用的有两类聚类算法。一种是层次聚类法。层次聚类在不同层次对数据进行聚类划分,从而形成树形的聚类结构。数据集的划分可以一开始假设每个对象都自成一类,然后采用自底向上策略,逐渐合并不同的簇,直至所有数据最后形成一个簇;也可以采用相反的策略,假设一开始所有的数据是一簇,然后自顶向下将簇进行分裂,直至每个数据自成一类。另外一种是划分式聚类算法。划分式聚类算法先对数据进行一个随机划分,然后通过迭代的方式逐步优化聚类结果。这类算法的代表是 K-Means 和 GMM(高斯混合模型聚类)。

简单来讲,层次聚类方法基于树的层次结构,对数据进行聚类。层次聚类,在日常生活中应用得非常广泛,比如大家都熟悉的图书馆书的归放以及门户网站都是按照层次形式进行组织的。层次聚类的一个重要优势是该方法可获得任意尺度、任意层次的聚类信息。只需要在需要的尺度切割聚类树图即可。例如,如图 9.5 所示,若想将 $x_1,x_2,\cdots,x_8$ 这 8 个数据聚成 4 类,只需要利用第 5 层的聚类结果。

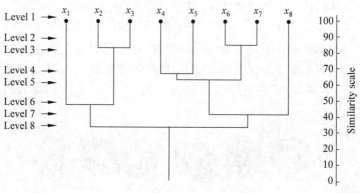

图 9.5 不同方案下的聚类结果

层次聚类有两种思路:一种思路是自底而上,将每个数据视为一簇,然后考虑所有可能的合并两簇的方法,并选择最佳的一种合并方法。重复以上过程,直到所有簇合并成一簇。另一种思路是自顶而下,将所有数据视为一簇,然后考虑将 m 簇分裂成 $m+1$ 簇的所有可能方法,并选择最佳的一种分裂方法。重复以上过程,直到每个数据都自成一簇。下面以自底而上的层次聚类为例说明层次聚类法的详细步骤。

首先计算任意两个对象之间的距离,从而得到距离矩阵,如图 9.6 所示。

按照前面介绍的距离度量性质,距离应该满足自身到自身的距离为 0,而且还应该满足对称性,即 A 到 B 的距离等于 B 到 A 的距离。所以距离矩阵是对角线上的元素为 0 的对称矩阵。因为是对称矩阵,所以这里只列举了对角线及对角线以上的距离值。其次,进行簇的合并。在第一次合并时,将每个数据都当作一簇。因为有 5 个对象,所以两两合并的方式有 10 种。列举所有可能的合并方式,选择距离最近的簇进行合并。因为第 4 个对象和第 5 个对象的距离最小,所以将第 4 个对象和第 5 个对象进行合并。在第一次合并之后,簇的个数变成了 4,所以合并的方式有 6 种,继续列举所有可能合并的簇,并将距

图 9.6　距离矩阵

离最近的簇进行合并。重复这一过程,继续合并,直至所有的簇合并为一类。通过这个简单的例子可以看出,在簇的合并过程中,生成了数据个数大于 1 的簇,那么当簇中的元素个数多于 1 的时候,如何计算簇与簇之间的距离?常见的计算簇之间的距离有三种方式,第一种是最小距离,使用最近元素之间的距离作为两簇之间的距离。当使用最小距离的时候,我们称此时的聚类算法为单链接算法。单链接算法生成的簇形状可能比较细长。第二种计算簇距离的方法是最远距离,使用两簇中最远元素之间的距离作为簇距离,此时对应的聚类算法称为全连接算法。全连接算法生成的簇通常比较紧致。最后一种计算簇距离的方法是平均距离,使用所有元素之间的平均距离作为两簇之间的距离,此时对应的聚类算法称为均链接算法。通过对层次聚类的讲解,不难发现层次聚类方法较为简单,不需要事先指定聚类的数目。

此外不难理解,在层次聚类法中,合并或分裂点的选择非常关键,因为后续的合并或分裂基于当前的聚类结果。层次聚类法虽然比较简单,但伸缩性较差。可以证明至少有平方的计算复杂度,因而不适合处理大规模数据。

9.2　K-Means 算法的实现过程

在介绍了自底而上的层次聚类法之后,本节来介绍另外一种聚类算法:划分式聚类算法。划分式聚类算法的两个典型代表是 K-Means 和高斯混合模型聚类。本章主要关注 K-Means 算法的实现过程。不同于层次聚类法,划分式聚类法无层次结构,且需要用户事先指定聚类的数目。该类方法的任务就是构造一个划分,将 n 个数据分成 k 簇,这一过程可以通过图 9.7 来理解。

按照这一逻辑,我们来理解一下 K-Means 算法的详细工作步骤。算法的输入是 n 个待聚类的数据 $\{x_1, x_2, \cdots, x_n\}$,以及簇的数目 k。在算法的第一步,随机选择 k 个数据点作为簇中心;第二步是迭代步,简单来讲,第二步通过交替优化不断地更新簇成员和簇中心。

具体地,簇成员更新步骤为,算法对每一个样本 x_j 进行归簇,x_j 距离哪个聚类中心

图 9.7 划分式聚类示例

最近,则将其归为哪一簇。也就是说,如果 x_j 到簇中心 μ_i 的距离小于它到其他簇中心的距离,则将 x_j 划分到第 i 簇,在簇中心更新步骤为,算法通过更新的簇成员重新计算每个簇 C_i 的均值。并将更新后的均值作为新的簇中心。算法重复以上所述的簇成员和簇中心的迭代更新步骤,直到簇中心不发生变化时,算法停止迭代。当停止迭代后,算法输出最终的簇中心 $\{\mu_1,\mu_2,\cdots,\mu_k\}$ 及其对应的聚类结果 $C=\{C_1,C_2,\cdots,C_k\}$。

现在进一步从算法角度理解 K-Means 算法。一个机器学习算法通常都有一个目标函数,对目标/损失函数的优化就是算法的实现过程。那么,K-Means 有无目标函数呢?答案是肯定的。给定无标记数据 $\{x_1,x_2,\cdots,x_n\}$,K-Means 的学习目标是将数据归到 k 个簇中:$C=\{C_1,C_2,\cdots,C_k\}$,从而使得以下目标函数值最小:不难理解,K-Means 的目标函数是希望簇内样本到簇中心的平方和距离最小,即要求簇内的样本是紧密分布的。在这个目标函数中,有两个未知量,一个是簇的中心,另一个是簇的成员,因此这是一个组合优化问题。此外,还可以证明这个目标函数是非凸的,因此该目标函数的求解是一个 NP 难题,也就是说,在多项式时间内无法给出目标函数的最优解。既然同时优化聚类中心和类成员是一个 NP 问题,那么该如何对问题进行求解呢?其解决办法就是降低问题的难度,对参数进行交替优化。简单来讲,就是固定一组参数的值,从而优化另外一组参数;反过来,固定另外一组参数,再去优化第一组参数 K-Means 就是基于这一思想求解目标函数的,就是刚才介绍的步骤,在初始化 k 个簇中心之后,首先固定参数 μ,优化参数 C;然后反过来固定参数 C,优化参数 μ。

至此,我们已经介绍完了 K-Means 的方法原理。下面分析一下 K-Means 方法在实际应用中可能出现的问题。K-Means 算法在实际应用中有两个不确定的部分,也就是比较难操作的部分。一是该如何选择聚类中心初值。实际上对于不合理的聚类中心初值,可能导致非常差的聚类结果。例如如图 9.8 所示的例子。

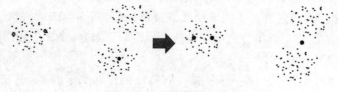

图 9.8 较差的聚类结果

造成这一问题的原因是目标函数非凸。为了避免不好的聚类结果,在实际中,可以通过启发式方法选择好的初值,例如,要求种子点之间有较大的距离。也可以尝试多个初值,选择平方误差和最小的一组聚类结果。K-Means 的另外一个问题是如何确定聚类数目 k。虽然这也是一个尚未解决的问题,但是也有些近似操作。可以一开始令聚类数目为 1,然后逐渐增加聚类的数目。至此,已经完整地介绍完了 K-Means 算法,包括其方法原理和实际应用中可能出现的问题。

9.3 案例 1:蘑菇数据聚类

9.3.1 案例介绍

案例名称:蘑菇数据聚类。
案例数据:23 个类目型数据。
数据类型:类目型。

9.3.2 案例目标

本案例的目标是对蘑菇数据进行聚类分析。

9.3.3 案例拆解

案例代码清单 9-3-1

```
# 9-3-1 读取数据
import pandas as pd
mushroom=pd.read_csv("../data/mushrooms.csv")
df_diadata.head()
df_diadata.info()
```

【代码输出】
毒蘑菇数据 5 个样本如图 9.9 所示。

	Class	cap_shape	cap_surface	cap_color	bruises	odor	gill_attachment	gill_spacing	gill_size	gill_color	...	stalk_surface_below_ring
0	p	x	s	n	t	p	f	c	n	k	...	s
1	e	x	s	y	t	a	f	c	b	k	...	s
2	e	b	s	w	t	l	f	c	b	n	...	s
3	p	x	y	w	t	p	f	c	n	n	...	s
4	e	x	s	g	f	n	f	w	b	k	...	s

5 rows × 23 columns

图 9.9 毒蘑菇数据 5 个样本

【代码输出】

```
<class 'pandas.core.frame.DataFrame'>
```

```
RangeIndex: 8124 entries, 0 to 8123
Data columns (total 23 columns):
Class                       8124 non-null object
cap_shape                   8124 non-null object
cap_surface                 8124 non-null object
cap_color                   8124 non-null object
bruises                     8124 non-null object
odor                        8124 non-null object
gill_attachment             8124 non-null object
gill_spacing                8124 non-null object
gill_size                   8124 non-null object
gill_color                  8124 non-null object
stalk_shape                 8124 non-null object
stalk_root                  8124 non-null object
stalk_surface_above_ring    8124 non-null object
stalk_surface_below_ring    8124 non-null object
stalk_color_above_ring      8124 non-null object
stalk_color_below_ring      8124 non-null object
veil_type                   8124 non-null object
veil_color                  8124 non-null object
ring_number                 8124 non-null object
ring_type                   8124 non-null object
spore_print_color           8124 non-null object
population                  8124 non-null object
habitat                     8124 non-null object
dtypes: object(23)
memory usage: 1.4+MB
```

案例代码清单 9-3-2

```
#9-3-2 计算 Class 特征列每个类别的数量
mushroom.groupby('Class').size()
```

【代码输出】

```
Class
e    4208
p    3916
dtype: int64
```

案例代码清单 9-3-3

```
#9-3-3 特征编码
from sklearn.preprocessing import LabelEncoder
labelencoder=LabelEncoder()
#将 mushroom[col]的所有类别转换为 0,1,2 等,有多少类别就有多少个数字
```

```
for col in mushroom.columns:
    mushroom[col] = labelencoder.fit_transform(mushroom[col])
#分别提取 Class 列的两个类别的数据
mushroom_e=mushroom[mushroom['Class']==0]
print(mushroom_e)
mushroom_p=mushroom[mushroom['Class']==1]
print(mushroom_p)
```

案例代码清单 9-3-4

```
#9-3-4 特征处理
feature_out = ['veil_type']
mushroom.drop(feature_out, axis=1, inplace=True)
#选择从下表为 1 至下表为 23 不包括 23 的数据
X = mushroom.iloc[:,1:23]
```

案例代码清单 9-3-5

```
#9-3-5 数据规范化
from sklearn.preprocessing import StandardScaler
scaler = StandardScaler()
#StandardScaler 函数计算公式为:
#(x-u)/s=z
#x 为原来的值,u 为均值,s 为方差
#利用上述计算方式将数据标准化
X=scaler.fit_transform(X)
print(X)
```

【代码输出】

```
array([[ 1.02971224,  0.14012794, -0.19824983, ..., -0.67019486,
        -0.5143892 ,  2.03002809],
       [ 1.02971224,  0.14012794,  1.76587407, ..., -0.2504706 ,
        -1.31310821, -0.29572966],
       [-2.08704716,  0.14012794,  1.37304929, ..., -0.2504706 ,
        -1.31310821,  0.86714922],
       ...,
       [-0.8403434 ,  0.14012794, -0.19824983, ..., -1.50964337,
        -2.11182722,  0.28570978],
       [-0.21699152,  0.95327039, -0.19824983, ...,  1.42842641,
         0.28432981,  0.28570978],
       [ 1.02971224,  0.14012794, -0.19824983, ...,  0.16925365,
        -2.11182722,  0.28570978]])
```

案例代码清单 9-3-6

```
#9-3-6 特征筛选
from sklearn.decomposition import PCA
#使用数据的奇异值分解将线性维数减少以将其投影到较低维空间,从而实现特征选择
```

```
pca = PCA()
pca.fit_transform(X)
```

【代码输出】

```
array([[-0.5743219 , -0.97578135, -1.22176154, ..., -0.35978246,
        -0.20858136,  0.00813997],
       [-2.2821023 ,  0.27906633, -1.20049669, ...,  0.27853175,
         0.15223879, -0.19644613],
       [-1.85803562, -0.27097236, -1.37237069, ...,  0.36488219,
         0.25758178, -0.3625772 ],
       ...,
       [-1.62151632, -0.75753671,  2.73357994, ...,  0.11623201,
        -1.42532241,  0.63699012],
       [ 3.67060561, -1.0327745 ,  0.1684595 , ...,  0.21603033,
         0.09414401, -0.06434622],
       [-1.57520272, -1.2285814 ,  2.44722789, ...,  0.87529438,
        -0.80462606,  0.59031526]]])
```

案例代码清单 9-3-7

```
# 9-3-7 主成分分析
import matplotlib.pyplot as plt
# 用来正常显示中文标签
plt.rcParams['font.sans-serif']=['SimHei']
# 用来正常显示符号
plt.rcParams['axes.unicode_minus']=False

%matplotlib inline

N=mushroom.values

# 使用数据的奇异值分解将线性维数减少以将其投影到较低维空间,从而实现特征选择
pca = PCA(n_components=2)
x = pca.fit_transform(N)

plt.figure(figsize=(5,5))
plt.scatter(x[:,0],x[:,1])
plt.show()
```

【代码输出】
主成分分析结果如图 9.10 所示。

案例代码清单 9-3-8

```
# 9-3-8 聚类
from sklearn.cluster import KMeans
# 指定类别数为 2
```

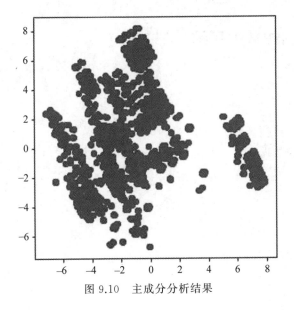

图 9.10 主成分分析结果

```
kmeans = KMeans(n_clusters=2, random_state=5)
X_clustered = kmeans.fit_predict(N)

LABEL_COLOR_MAP = {0 : 'g',
                   1 : 'y'
               }

label_color = [LABEL_COLOR_MAP[l] for l in X_clustered]
plt.figure(figsize = (5,5))
plt.scatter(x[:,0],x[:,1], c=label_color)
plt.show()
```

【代码输出】

聚类结果如图 9.11 所示。

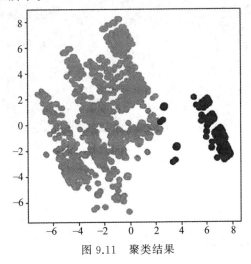

图 9.11 聚类结果

9.4　案例2：图像数据压缩

9.4.1　案例介绍

案例名称：图像数据压缩。
案例数据：图像数据。
数据类型：数值型。

9.4.2　案例目标

本案例的目标是了解降维的效果，学习 SVD 和 PCA 两种降维方法的应用。

9.4.3　案例拆解

案例代码清单 9-4-1

```
# 9-4-1 读取图片
import matplotlib.image as mpimg
img = mpimg.imread('../data/dog.jpg')
plt.imshow(img)
plt.show()
```

【代码输出】
样本如图 9.12 所示。

如图 9.12　样本数据

案例代码清单 9-4-2

```
# 9-4-2 图像数值化
# 取高度为 1, 宽度为 2, 图像的通道数为 3 的值
```

```
img_o = img[:1, :2, :3]
#将原来的 0~255 的像素值缩放至 0~1
img_n = img[:562, :1000, :]/255
#取高度为 1,宽度为 2,图像的通道数为 3 的值
img_n[:1, :2, :3]
```

【代码输出】

```
array([[[0.18431373, 0.18039216, 0.16078431],
        [0.18823529, 0.18431373, 0.16470588]]])
```

案例代码清单 9-4-3

```
#9-4-3 图像灰度化
a1, a2, a3 = 0.2989, 0.5870, 0.1140
#RGB 三通道的每一层所占比例权重不同,按不同权重计算得出结果
img_gray = img_n[:,:,0] * a1+img_n[:,:,1] * a2+img_n[:,:,2] * a3
img_gray
```

【代码输出】

```
array([[0.17931098, 0.18323216, 0.18715333, ..., 0.32944078, 0.32551961,
        0.32551961],
       [0.17931098, 0.18323216, 0.18715333, ..., 0.32944078, 0.32944078,
        0.32944078],
       [0.1753898 , 0.18323216, 0.18715333, ..., 0.32944078, 0.32944078,
        0.32944078],
       ...,
       [0.37559255, 0.40304078, 0.44613137, ..., 0.32076471, 0.35213412,
        0.37169765],
       [0.43172784, 0.44741255, 0.46908471, ..., 0.28946196, 0.30906784,
        0.3169102 ],
       [0.43172784, 0.44741255, 0.46908471, ..., 0.28946196, 0.30906784,
        0.3169102 ]])
```

案例代码清单 9-4-4

```
#9-4-4 SVD 分解
from numpy import linalg
#获取奇异值分解矩阵
U, A, V = np.linalg.svd(img_gray, full_matrices=True)
Lambda=np.diag(A)
#取前 30 列的值
re_img1=U[:,:30].dot(Lambda[:30,:30]).dot(V[:30,:])
plt.imshow(np.real(re_img1), cmap=plt.get_cmap("gray"))
plt.show()
```

【代码输出】

压缩后图像如图 9.13 所示。

图 9.13　压缩后图像

小结与讨论

　　本章讨论了无监督学习算法：聚类算法。常见的聚类算法包含两种：层次聚类和划分式聚类。层次聚类方法解决的是无标签数据的聚类问题；它使用对象之间的距离作为聚类模型的表示；在聚类的过程中，没有构建明确的损失函数；在聚类的优化方面，我们有两种策略，既可以选择自顶向下的方式进行簇的分裂，也可以选择自底向上的方式进行簇的合并；最后，将分裂或者合并策略形成的树形聚类结果作为聚类算法的输出。和层次聚类法一样，K-Means 解决的是无标签数据的聚类问题；该方法使用簇中心对数据进行建模，并通过每个点到簇中心的平方和距离构建损失函数。由于构建的损失函数是一个非凸组合优化问题，因此通过交替优化簇中心和簇成员降低问题的求解难度。最小化损失函数之后，得到的簇中心和簇成员就是模型的输出结果，因而对应模型参数。

习题

　　1. 请解释聚类算法与最近邻算法的联系与区别。

　　2. 请结合实例说明降维方法的意义。

　　3. 请选取数据集应用聚类算法进行案例分析。

　　4. 请选取数据集应用 PCA 方法进行特征选择。

　　5. 请选取数据应用 SVD 方法进行数据降维。

第 10 章　神经网络方法

本章组织：本章首先介绍了神经网络方法的基础原理，然后介绍了全连接神经网络的组成，最后通过案例拆解分别介绍了全连接神经网络在图像分类项目中的应用。

10.1 节介绍神经网络方法基础原理；

10.2 节介绍全连接神经网络的组成；

10.3 节介绍基于全连接神经网络的时装图像分类案例；

10.4 节介绍基于卷积神经网络的人脸图像识别案例。

引言

神经网络是实现机器学习的一种方法，传统的机器学习算法在图像数据的预测上差强人意。本章中将从应用的视角学习神经网络方法的应用。

10.1　神经网络方法基础原理

在前面的章节中，已经对机器学习的算法基础与项目应用流程有了初步的认识，本章讨论机器学习的另一种方法——神经网络方法。不同于之前的机器学习方法，神经网络方法有其独有的机制。

神经网络是由神经元组成的，在第 8 章中学习了集成思想，可以想象一下，将多个逻辑回归函数以集成的方式组合到一起，这便是神经网络的原理。由此可知，单个神经元就是一个逻辑回归单元。每个神经元都包含一个激活函数，激活函数的目的是控制每一个神经元的数据输出。

神经网络层之间可以以堆叠的形式累加。当神经网络层确定后，需要编译神经网络层的学习过程，在这个过程中需要设定优化器、损失函数、评价指标。

10.2　全连接神经网络的组成

为了方便读者学习，本节从代码的视角来讲解全连接神经网络的组成。

全连接神经网络由输入层、隐藏层、输出层三部分组成。输入层的神经元是控制样本数据的输入。输入层的数据形式是由样本数量和图形像素的高与宽的乘积组成的。例如，一张 28×28px 的图像，输入层的数据形式就是 $[1,784]$；假如向神经网络输入的样本数据包含 500 张 28×28px 的图片，那么输入层的数据形式就变为 $[500,784]$。因此，输入层输入的数据形式可以表示为

$$[样本数量、图形的高 \times 图形的宽]$$

我们已经了解了神经网络的输入层。输入层的数据形式是由输入的图像数据决定的,而输出层则是由图像的标签决定。当输入的样本数据有 10 个分类结果时,输出层的神经元的个数就变成了 10。例如,在手写数字识别的案例中,手写数字有 10 类,输出层就包含 10 个神经元。一个神经网络至少包含一个输入层和一个输出层。隐藏层是不必要的,但是隐藏层之所以称为隐藏的原因是,隐藏层既非输入层,又非输出层。隐藏层的层数决定了神经网络的深度,当隐藏层的层数多到一定程度的时候,就可以称为深度学习了。

10.3　案例 1：时装图像分类

10.3.1　案例介绍

案例名称：时装图像分类。
案例数据：选取 25 张时装图像数据。
数据类型：图像数据。

10.3.2　案例目标

案例目标是了解图像数据的预处理方法、全连接神经网络训练、全连接神经网络模型评估、全连接神经网络模型保存与加载、全连接神经网络模型预测。

10.3.3　案例拆解

案例代码清单 10-3-1

```
#10-3-1 图像数据的读取与预处理
import tensorflow as tf
from tensorflow import keras
from tensorflow.keras import layers
import numpy as np
import matplotlib.pyplot as plt
from load_data import load_mnist

(train_images, train_labels) = load_mnist('data/train',kind='train')
(test_images, test_labels) = load_mnist('data/test',kind='t10k')

X_train = train_images.reshape((-1,28,28,1))
Y_train = train_labels
x_test = test_images.reshape((-1,28,28,1))
y_test = test_labels
```

```
#图像数据归一化
X_train = X_train/255.0
x_test = x_test/255.0
```

【代码输出】

部分时装图像数据如图 10.1 所示。

图 10.1　部分时装图像数据

案例代码清单 10-3-2

```
#10-3-2 搭建卷积神经网络

###定义模型
model = keras.Sequential()

###卷积层
model.add(layers.Conv2D(input_shape=(X_train.shape[1], X_train.shape[2],
            X_train.shape[3]), filters=32, kernel_size=(3,3),
            activation='relu'))

###全连接层
model.add(layers.Flatten())
model.add(layers.Dense(32, activation='relu'))
model.add(layers.Dense(10, activation='softmax'))
```

```
model.compile(optimizer=keras.optimizers.Adam(),          ##优化器
        loss=keras.losses.SparseCategoricalCrossentropy(),    ##损失函数
        metrics=['accuracy'])                             ##评价指标
```

案例代码清单 10-3-3

#10-3-3 神经网络模型训练和评估

```
history = model.fit(X_train, Y_train
                batch_size=64, epochs=8,
                    validation_split=0.1)
test_loss, test_acc = model.evaluate(x_test, y_test)
print('Test accuracy:', test_acc)
```

【代码输出】

全连接神经网网络经过训练后训练集准确率和验证集准确率对比如图 10.2 所示。

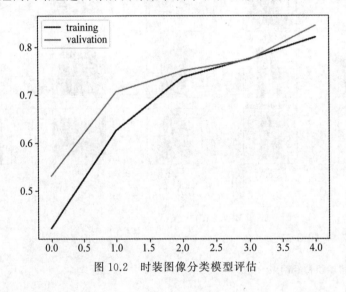

图 10.2　时装图像分类模型评估

案例代码清单 10-3-4

#10-3-4 神经网络模型保存和加载
```
model.save('fashion_model', save_format='tf')
model = keras.models.load_model('fashion_model')
```

案例代码清单 10-3-5

#10-3-5 模型预测
```
predictions = model.predict(x_test)
#print(predictions[0])
print('预测结果是：', np.argmax(predictions[0]))      ##挑出 10 个结果中概率最高的
                                                  ##即预测结果
```

```
print('真实结果是：',test_labels[0])
```

【代码输出】

模型预测结果如图 10.3 所示。

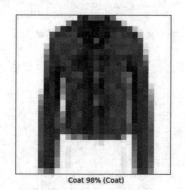

Coat 98% (Coat)

图 10.3　模型预测的结果

10.4　案例 2：人脸图像识别

10.4.1　案例介绍

案例名称：人脸图像识别。

案例数据：400 张人脸图像。

数据类型：图像数据。

10.4.2　案例目标

通过案例，了解图像数据的预处理方法、卷积神经网络训练、卷积神经网络模型评估、卷积神经网络模型保存与加载、卷积神经网络模型预测。

10.4.3　案例拆解

400 张人脸图像数据如图 10.4 所示。

案例代码清单 10-4-1

```
#10-4-1 人脸数据的读取与预处理
import numpy
import numpy as np
import pandas as pd
import matplotlib.pyplot as plt
```

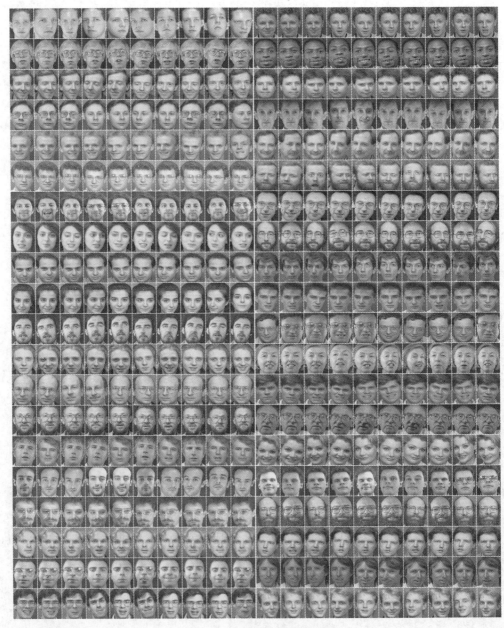

图 10.4 人脸识别原始数据

```
import tensorflow as tf
from tensorflow import keras as keras
from tensorflow.keras import layers as layers
from PIL import Image
impor tcv2
from keras.utils import to_categorical
```

```
def load_data(dataset_path):
    img = Image.open(dataset_path)
    img_ndarray = numpy.asarray(img, dtype='float64')/256
    #400pictures,size:57*47=2679
    faces = numpy.empty((400,2679))
    for row in range(20):
        for colum in range(20):
            faces[row*20+colum]=numpy.ndarray.flatten(img_ndarray[row*57:
(row+1)*57,colum*47:(colum+1)*47])

    label = numpy.empty(400)
    for i in range(40):
        label[i*10:i*10+10]=i
    label = label.astype(numpy.int)

    #train:320, valid:40 test:40
    train_data = numpy.empty((320,2679))
    train_label = numpy.empty(320)
    valid_data = numpy.empty((40,2679))
    valid_label = numpy.empty(40)
    test_data = numpy.empty((40,2679))
    test_label = numpy.empty(40)

    for i in range(40):
        train_data[i*8:i*8+8] = faces[i*10:i*10+8]
        train_label[i*8:i*8+8] = label[i*10:i*10+8]
        valid_data[i] = faces[i*10+8]
        valid_label[i] = label[i*10+8]
        test_data[i] = faces[i*10+9]
        test_label[i] = label[i*10+9]

    rval = [(train_data, train_label), (valid_data, valid_label), (test_data,
test_label)]
    return rval

#input image dimensions
img_rows, img_cols = 57, 47
image_path = "./data/olivettifaces.gif"

(X_train, Y_train), (X_val, y_val), (X_test, y_test)=load_data(image_path)

X_train = X_train.reshape(X_train.shape[0], img_rows, img_cols, 1)
X_val = X_val.reshape(X_val.shape[0], img_rows, img_cols, 1)
X_test = X_test.reshape(X_test.shape[0], img_rows, img_cols, 1)
print('X_train shape:', X_train.shape)
print('X_val shape:', X_val.shape)
```

```
print('X_test shape:', X_test.shape)
print(X_train.shape[0], 'train samples')
print(X_val.shape[0], 'validate samples')
print(X_test.shape[0], 'test samples')

Y_train = to_categorical(Y_train, 40)
y_val = to_categorical(y_val, 40)
y_test = to_categorical(y_test, 40)
```

【代码输出】

部分时装图像数据如图 10.5 所示。

图 10.5　部分时装图像数据

案例代码清单 10-4-2

#10-4-2 搭建卷积神经网络

```
def set_model(lr=0.005,decay=1e-6,momentum=0.9):
    model = keras.Sequential()
    model.add(layers.Conv2D(5, kernel_size=(3, 3), input_shape=(img_rows, img_cols, 1)))
    #model.add(layers.MaxPooling2D(pool_size=(2, 2)))
    model.add(layers.Conv2D(10, kernel_size=(3, 3), activation='tanh'))
    #model.add(layers.MaxPooling2D(pool_size=(2, 2)))
    model.add(layers.Dropout(0.25))
```

```
model.add(layers.Flatten())
model.add(layers.Dense(1000, activation = 'tanh')) # Full connection
model.add(layers.Dropout(0.5))
model.add(layers.Dense(40, activation='softmax'))
sgd= keras.optimizers.SGD(lr=lr, decay=decay, momentum=momentum, nesterov=
True)
model.compile(loss='categorical_crossentropy', optimizer=sgd, metrics=
['accuracy'])
    return model
```

```
model = set_model()
```

案例代码清单 10-4-3

```
#10-4-3 神经网络模型训练和评估

model.fit(X_train, Y_train, batch_size=10, epochs=3)
score = model.evaluate(X_val, y_val, verbose=0)
print(score)
```

案例代码清单 10-4-4

```
#10-4-4 神经网络模型保存和加载
model.save_weights('model_weights.h5', overwrite=True)
model.load_weights('model_weights.h5')
```

案例代码清单 10-4-5

```
#10-4-5 模型预测
classes = model.predict_classes(X_test, verbose=0)
test_accuracy = np.mean(np.equal(y_test, classes))
print("accuracy:", test_accuracy)
```

小结与讨论

本章讨论了神经网络方法的基础原理、全连接神经网络的组成、卷积神经网络的组成。神经网络一般包含输入层、隐藏层、输出层3部分。输入层的数据形式由样本数据的数量和像素值乘积决定。隐藏层的数量决定神经网络的多层。输出层神经元的个数是由样本数据的类别决定的。需要注意的是,多层神经网络容易出现梯度消失的问题。单层神经元由神经元的个数和激活函数两部分组成。卷积神经网络是由卷积层、池化层、全连接层3部分组成。卷积层和池化层的输出数据需要使用展平层过渡,数据才能输入全连接层。

习题

1. 请比较全连接神经网络和卷积神经网络的联系与区别。
2. 请结合实例说明神经网络的参数组成。
3. 请选取数据集应用神经网络方法完成模型训练及预测。
4. 请列举在神经络中常用的激活函数。
5. 请比较不同的优化器对于神经网络训练的影响。

附录 A　环境问题 QA

Q：本书中所用软件及环境介绍。

A：本书中主要使用软件为 Anaconda、Python 3. x、Jupyter Notebook。各软件版本为最新版本即可。

Q：Python 依赖库的安装方式有哪些？

A：安装方式有很多种。主要介绍以下几种：pip 在线安装，pip 离线安装，conda 在线安装，conda 镜像源安装，源码安装。

下面介绍几种常见的安装方法。

1. 安装

命令：

```
sudo easy_install pip
```

2. 列出已安装的包

命令：

```
pip freeze or pip list
```

3. 导出 requirements.txt

命令：

```
pip freeze> <目录>/requirements.txt
```

4. 在线安装

命令：

```
pip install <包名>
```

或

```
pip install -r requirements.txt
```

注意：通过使用==、>=、<=、>、<符号来指定版本，不写则安装最新版。

5. 安装本地安装包

命令：

```
pip install <目录>/<文件名>
```

6. 卸载包

命令：

```
pip uninstall <包名>
```

或

```
pip uninstall -r requirements.txt
```

7. 升级包

命令：

```
pip install - U < 包名>
```

或

```
pip install < 包名> --upgrade
```

8. 升级 pip

命令：

```
pip install -U pip
```

9. 显示包所在的目录

命令：

```
pip show -f <包名>
```

10. 搜索包

命令：

```
pip search <搜索关键字>
```

11. 查询可升级的包

命令：

```
pip list -o
```

12. 下载包而不安装

命令：

```
pip install <包名>-d <目录>
```

或

```
pip install -d <目录> -r requirements.txt
```

13. 打包

命令：

```
pip wheel <包名>
```

14. 更换国内 pypi 镜像

1）国内 pypi 镜像

阿里巴巴：https://mirrors.aliyun.com/pypi/simple
中国科学技术大学：http://pypi.mirrors.ustc.edu.cn/simple/

2）指定单次安装源

```
pip install <包名> -i https://mirrors.aliyun.com/pypi/simple
```

3）指定全局安装源
在 UNIX 和 Mac OS 上，配置文件为：$ HOME/.pip/pip.conf。
在 Windows 上，配置文件为：%HOME%\pip\pip.ini。

```
[global]
timeout = 6000
index-url = https://mirrors.aliyun.com/pypi/simple
```